U0160910

"先进光电子科学与技术丛书"编委会

先进光电子科学与技术丛书

目标材质偏振反射特性建模与分析：
金属与涂层

朱京平　刘　宏　王　凯　侯　洵　著

科学出版社

北　京

内 容 简 介

目标材质表面偏振反射特性信息能够体现材料的理化特性,提高复杂环境下目标与背景的对比度,因而偏振探测具有增强识别、穿透烟雾和获取材质信息的优点,近几年成为目标探测识别领域研究的热点.而要想从该类探测传感器获取的信息中有效反演出目标特征,必须首先具有高精度的偏振反射特性模型.本书针对现有偏振反射模型误差大导致探测识别效果欠佳的问题,分析光与物质相互作用过程,基于随机表面微面元理论修正了几何衰减因子;从典型材质偏振反射过程入手,提出了三分量偏振反射散射模型,并利用涂层和金属实测数据进行了模型验证;最后以典型空间目标材料为例探讨了基于偏振特性的材料分类识别方法,展现了偏振特性在目标识别方面的显著能力.

本书共七章,系统反映了近年来偏振探测技术、偏振特性建模和材质偏振分类识别等方面的研究进展及本团队的研究成果,可供偏振光学偏振探测与识别、偏振特性建模等领域的研究者、教师、本科高年级学生和研究生阅读,对目标探测与识别领域的有关研究者具有一定的参考价值.

图书在版编目(CIP)数据

目标材质偏振反射特性建模与分析:金属与涂层 / 朱京平等著. —北京:科学出版社, 2020.3

  (先进光电子科学与技术丛书)

  ISBN 978-7-03-064037-6

  Ⅰ.①目… Ⅱ.①朱… Ⅲ.①金属涂层—偏振光方法—系统建模—研究 Ⅳ.①O436.3

中国版本图书馆 CIP 数据核字 (2020) 第 009044 号

责任编辑:刘凤娟 孔晓慧 / 责任校对:杨 然
责任印制:吴兆东 / 封面设计:无极书装

科 学 出 版 社 出版
北京东黄城根北街 16 号
邮政编码:100717
http://www.sciencep.com

北京虎彩文化传播有限公司 印刷
科学出版社发行 各地新华书店经销
*
2020 年 3 月第 一 版 开本:720×1000 1/16
2022 年 2 月第二次印刷 印张:15 1/4
字数:294 000

定价:99.00 元
(如有印装质量问题,我社负责调换)

"先进光电子科学与技术丛书"序

　　近代科学技术的形成与崛起, 很大程度上来源于人们对光和电的认识与利用。进入 20 世纪后, 对于光与电的量子性及其相互作用的认识以及二者的结合, 奠定了现代科学技术的基础并成为当代文明最重要的标志之一。1905 年爱因斯坦对光电效应的解释促进了量子论的建立, 随后量子力学的建立和发展使人们对电子和光子的理解得以不断深入。电子计算机问世以来, 人类认识客观世界主要依靠视觉, 视觉信息的处理主要依靠电子计算机, 这个特点促使电子学与光子学的结合以及光电子科学与技术的迅速发展。

　　回顾光电子科学与技术的发展, 我们不能不提到 1947 年贝尔实验室成功演示的第一个锗晶体管、1958 年德州仪器公司基尔比展示的全球第一块集成电路板和 1960 年休斯公司梅曼发明的第一台激光器。这些划时代的发明, 不仅催生了现代半导体产业的诞生、信息时代的开启、光学技术的革命, 而且通过交叉融合, 形成了覆盖内容广泛, 深刻影响人类生产、生活方式的多个新学科与巨大产业, 诸如半导体芯片、计算机技术、激光技术、光通信、光电探测、光电成像、红外与微光夜视、太阳能电池、固体照明与信息显示、人工智能等。

　　光电子科学与技术作为一门年轻的前沿基础学科, 为我们提供了发现新的物理现象、认识新的物理规律的重要手段。其应用渗透到了空间、能源、制造、材料、生物、医学、环境、遥感、通信、计量及军事等众多领域。人类社会今天正在经历通信技术、人工智能、大数据技术等推动的信息技术革命。这将再度深刻改变我们的生产与生活方式。支持这一革命的重要技术基础之一就是光电子科学与技术。

　　近年来, 激光与材料科学技术的迅猛发展, 为光电子科学与技术带来了许多新的突破与发展机遇。为了适应新时期人们对光电子科学与技术的需求, 我们邀请了部分在本领域从事多年科研教学工作的专家学者, 结合他们的治学经历与科研成果, 撰写了这套 "先进光电子科学与技术丛书"。丛书由 20 册左右专著组成, 涵盖了半导体光电技术 (包括固体照明、紫外光源、半导体激光、半导体光电探测等)、超快光学 (飞秒及阿秒光学)、光电功能材料、光通信、超快成像等前沿研究领域。它不仅包含了各专业近几十年发展积累的基础知识, 也汇集了最新的研究成果及今后的发展展望。我们将陆续呈献给读者, 希望能在学术交流、专业知识参考及人才培养等方面发挥一定作用。

　　丛书各册都是作者在繁忙的科研与教学工作期间挤出大量时间撰写的殚精竭

虑之作。但由于光电子科学与技术不仅涉及的内容极其广泛,而且也处在不断更新的快速发展之中,因此不妥之处在所难免,敬请广大读者批评指正!

侯　洵

中国科学院院士

2020 年 1 月

序

成像探测作为一种重要的信息获取手段, 在军民领域都得到了高度的重视和广泛的应用. 传统的成像探测方法主要采集来自目标的强度和光谱信息, 进而基于目标的理化特性, 获得感兴趣的信息. 而对于地球表面和空间中的目标, 在反射和散射过程中, 具有自身性质决定的偏振特性, 即目标对入射光偏振态和反射光偏振态的转换作用. 偏振成像能够在获取目标图像的同时获取目标的偏振特性, 为被观测目标提供了又一维度的光学信息, 具有有效提高目标感知精度的优势, 近年来很多国家投入了大量资金和人力开展研究, 在军事、遥感、医学等领域受到了广泛的重视, 获得了丰硕的成果, 得到了快速的发展, 已成为国内外的研究热点之一.

西安交通大学电信学部侯洵院士、朱京平教授领导的团队, 从 2003 年开始在国内率先开展了偏振成像新机制、浑浊介质中的偏振成像方法以及目标偏振特性等方向的研究, 主持完成了 973 课题 "宽波段全偏振成像探测机理研究" 等 10 余项重大重点课题, 目前正在承担国家自然科学基金重大课题 "海洋监测多维度高分辨信息获取方法与机制研究", 为我国多维度成像探测研究做出了重要贡献.

本书作者从系列成像探测研究中深切体会到, 要实现偏振成像探测的优势, 目标偏振特性是基础和关键, 是偏振信息的反演解译、分析应用的关键, 以及偏振探测系统设计与应用的重要参考. 作者就此针对最常用的金属和涂层材料, 开展了目标材质偏振反射特性建模与分析的深入研究, 取得了重要研究成果, 在本书中总结报告.

本书共七章, 系统反映了近年来偏振探测技术、偏振特性建模和材质偏振分类识别等方面的研究进展及本团队的研究成果, 可供偏振光学、偏振探测与识别、偏振特性建模等领域的研究者、教师、研究生和高年级本科学生阅读, 对目标探测与识别领域的研究者具有重要参考价值.

管晓宏

中国科学院院士

西安交通大学电子与信息学部主任

2020 年 1 月

前　　言

　　成像探测作为一种重要的信息获取手段, 在军、民领域都得到了高度的重视和广泛的应用. 传统的成像探测方法主要采集来自目标的强度和光谱信息, 进而获取目标的理化特性, 得到我们感兴趣的信息. 而地球表面和空间中的目标, 在反射和散射过程中, 具有由其自身性质决定的偏振特性, 即目标对入射光偏振态和反射光偏振态的转换作用. 通过获取目标的偏振特性可以为被观测目标提供传统方法无法获取的新信息, 对所获取的偏振信息进行分析和综合利用, 可以有效提高目标成像对比度、在浑浊介质中的成像距离以及对不同材料目标的识别能力, 特别是对经过伪装和隐身处理的非合作目标的探测识别能力. 近年来, 偏振成像探测技术得到了快速的发展, 在军事、遥感、医学等领域受到了广泛的重视, 很多国家投入了大量资金和人力开展研究, 获得了丰硕的成果, 偏振成像技术已成为国内外的研究热点之一.

　　目标偏振特性是偏振探测研究与应用的基础和关键, 是偏振信息的反演解译、分析应用的核心需求, 也是偏振探测系统设计与应用的重要参考. 十余年来, 本课题组一直进行偏振成像新机制、浑浊介质中的偏振成像方法以及目标偏振特性方面的研究, 对于目标偏振特性, 重点在表面反射微观机制、偏振反射特性建模与分析和基于偏振信息的目标分类识别方法等方面开展了系列研究.

　　本书共七章: 第 1 章为绪论, 介绍了偏振探测和偏振特性的基本概念、研究现状和应用情况; 第 2 章对现有典型的二向反射分布函数 (BRDF)、偏振二向反射分布函数 (pBRDF) 模型进行了介绍; 第 3 章和第 4 章分别介绍了本课题组在随机表面微面元几何衰减因子修正, 以及偏振反射特性 BRDF/pBRDF 建模方面的研究; 第 5 章和第 6 章以金属和涂层两类材料为例, 介绍了偏振反射特性实验测量与模型验证方面的工作; 第 7 章介绍了本课题组在利用偏振特性信息进行目标分类识别方面的研究.

　　本书主要是在朱京平、侯洵指导刘宏和王凯完成的博士学位论文基础上, 结合课题组和刘宏入职 32035 部队、王凯入职渭南师范学院后的工作编写, 笔者水平有限, 书中难免存在不妥之处, 敬请读者批评指正.

朱京平、刘　宏、王　凯、侯　洵

2018 年 12 月

致 谢

本书的研究得到了国家自然科学基金重大项目"海洋监测多维高分辨光学成像理论与方法"(61890960)、国家自然科学基金重大课题"多维度高分辨信息获取方法与机制研究"(61890961)、国家安全重大基础研究计划(GF973)项目"＊＊＊探测技术"(613225)、国家高技术研究发展计划(863计划)项目"＊＊＊技术研究""陕西省自然科学基础研究计划""浑浊介质中的主动偏振成像机制研究"等的资助,在此表示衷心感谢!

本书在调研和写作过程中,得到了许多同行的指导和建议,在此对长春理工大学、西安电子科技大学、西安卫星测控中心和西安交通大学的同行给予的支持与帮助表示感谢!

科学出版社对本书的编写和出版给予了热情的支持,对此深致谢忱!

目 录

第 1 章　绪　　论

1.1　研究背景

目标被自然光或激光主动照明时, 其反射光的响应信号中包含丰富的目标特征信息, 探测其反射光信号并从中提取有用信息进行分析十分重要. 近年来, 光波的偏振参量具有区别于强度、光谱的独特信息已成为学术界的共识, 偏振探测作为重要的地物目标信息获取手段, 在提高目标背景对比度[1-3] (见图 1-1)、穿透烟雾[4-6] (见图 1-2)、获取材料特征信息[7-9] (见图 1-3) 等方面体现出独特的优势, 因此世界许多国家开始在偏振探测领域开展研究, 偏振探测已成为光学探测中的研究热点.

(a) 可见光强度成像

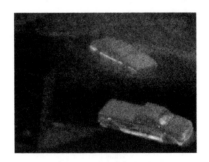
(b) 可见光偏振成像

图 1-1　美国 2008 年对普通光照与阴影中黑色车辆两种成像效果对比

(a) 强度成像

(b) 线偏振成像

图 1-2　雾霾条件下强度成像与线偏振成像效果对比

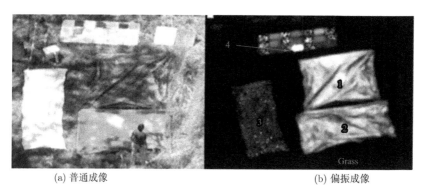

(a) 普通成像　　　　　　　　　　　　　　　(b) 偏振成像

图 1-3　美国空军和 Arizona 大学进行的普通成像和偏振成像实验效果对比

目标特性的分析是目标探测、识别的前提条件, 对目标认识越深, 得到目标的信息越多, 就越能提高对其探测、识别的能力. 与传统光学探测获取的强度特性信息和光谱特性信息不同, 目标材料表面反射光偏振特性信息能够体现材料的理化特性, 从而提高在复杂环境下目标和背景之间的对比度. 西方军事强国自 20 世纪 50 年代以来就已经开展了目标偏振反射特性方面的研究, 而我国在典型目标材料偏振反射特性研究方面起步较晚, 特别是在典型目标材料偏振反射特性建模、偏振反射特性规律研究方面与发达国家存在较大差距, 在这种情况下, 开展典型目标材料偏振反射特性建模及偏振反射特性规律研究对于目标探测识别具有重要意义.

1.2　偏 振 探 测

1.2.1　偏振光学基本概念

1. 偏振的概念

光波是横波, 平面电磁波电场矢量 E 和磁场矢量 H 彼此正交, 且均与波传播方向垂直, 如图 1-4 所示. 因此要完全描述光波还必须指明光场中任一点、任一时刻光矢量的方向, 即光波是一种矢量波[111]. 光的偏振现象就是光的矢量性质的表现.

如图 1-4 所示, 当光波沿 z 方向传播时, 在观测坐标轴 x 和 y 上, 电场的分量分别为 E_x 和 E_y, 为不失一般性, 取光波方程为 $E = E_0 \cos(\tau + \delta_0)$, 式中 $\tau = \omega t - kz$, δ_0 为相位, 将方程写成分量形式:

$$\begin{cases} E_x = E_{0x} \cos(\tau + \delta_1) \\ E_y = E_{0y} \cos(\tau + \delta_2) \\ E_z = 0 \end{cases} \tag{1-1}$$

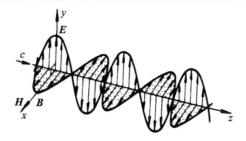

图 1-4 偏振光示意图

式中, δ_1 和 δ_2 分别表示 x 和 y 方向上光波的相位, 将方程中的 τ 消去, 得到电场矢量的端点所绘曲线的方程:

$$\left(\frac{1}{E_{0x}}\right)^2 E_x^2 + \left(\frac{1}{E_{0y}}\right)^2 E_y^2 - 2\frac{E_x E_y}{E_{0x} E_{0y}} \cos\delta = \sin^2\delta \tag{1-2}$$

式中, $\delta = \delta_1 - \delta_2$ 表示 x 与 y 方向上分量的相位差, 方程 (1-2) 的系数行列式为

$$\begin{vmatrix} \dfrac{1}{E_{0x}^2} & -\dfrac{\cos\delta}{E_{0x} E_{0y}} \\ -\dfrac{\cos\delta}{E_{0x} E_{0y}} & \dfrac{1}{E_{0y}^2} \end{vmatrix} = \frac{\sin^2\delta}{E_{0x}^2 E_{0y}^2} \geqslant 0 \tag{1-3}$$

从偏振程度来分, 光可以分为完全偏振光、部分偏振光和自然光. 其中, 完全偏振光的光波中所有电场矢量的端点在 x-y 平面上的投影都能够满足方程 (1-2); 自然光的电场矢量的端点在空间均匀分布; 部分偏振光是完全偏振光与自然光的杂合体, 其电场矢量的端点的投影轨迹无法用方程 (1-2) 来表示[126]. 完全偏振光从偏振态上来分, 又可分为线偏振光、圆偏振光以及椭圆偏振光[127].

当 $\delta = m\pi(m = 0, \pm 1, \pm 2, \cdots)$ 时, 方程 (1-2) 就变为直线方程:

$$\frac{E_y}{E_x} = (-1)^m \frac{E_{0x}}{E_{0y}} \tag{1-4}$$

这种条件下的光束称为线偏振光. 当光束的两个分量 E_{0x} 和 E_{0y} 相等, 且 $\delta = \frac{\pi}{2} + m\pi(m = 0, \pm 1, \pm 2, \cdots)$ 时:

$$\begin{cases} E_x = E_0 \cos(\tau + \delta_1) \\ E_y = E_0 \cos(\tau + \delta_1 + \delta) \end{cases} \tag{1-5}$$

如果 $\sin\delta > 0$, 表明 E_y 的相位比 E_x 的相位超前, 其合成矢量的端点在 x-y 平面上描绘出沿顺时针方向的圆, 故称为右旋偏振光; 同理, 若 $\sin\delta < 0$, 则称为左旋偏振光. 当 δ 取上述两种情况以外的值时, 称为椭圆偏振光, 与圆偏振光的定义相同, 椭圆偏振光同样具有左旋和右旋的区分.

2. 基本偏振参量

1) Stokes 矢量

对光波偏振态的描述方式主要有三角函数表示法、Jones 矢量法、Stokes 矢量法和 Poincare 球图示法等, 其中, Stokes 矢量法是最常用的偏振态描述方式[128]. 1852 年, Stokes 提出用四个参量来表示光的强度和偏振态, 即 Stokes 矢量. Stokes 矢量可以准确而简洁地表示完全偏振光、部分偏振光和自然光, 得到了偏振相关领域研究者们的广泛应用. Stokes 矢量的定义如下: 若令光分别同时通过四块偏振器件 P_1、P_2、P_3 和 P_4, 测出通过四块偏振器件的光强 I_1、I_2、I_3 和 I_4, 则定义 Stokes 矢量 S 为

$$S = \begin{pmatrix} S_0 \\ S_1 \\ S_2 \\ S_3 \end{pmatrix} = \begin{pmatrix} 2I_1 \\ 2I_2 - 2I_1 \\ 2I_3 - 2I_1 \\ 2I_4 - 2I_1 \end{pmatrix} \tag{1-6}$$

上述四块偏振器件满足以下条件: 每块器件对自然光的通过率均为 50%; 每块器件的通过面与入射光垂直; P_1 是各向同性的, 对任意入射光的作用相同; P_2 的透光轴与 x 轴一致, 即沿 y 方向振动的光被完全吸收; P_3 的透光轴与 x 轴的夹角为 45°; P_4 对左旋圆偏振光不透明.

实际上, 在 Stokes 矢量的四个参数中, S_0 表示光的强度, S_1 表示 0° 偏振分量与 90° 偏振分量之差, S_2 表示 45° 偏振分量与 135° 偏振分量之差, S_3 表示左旋偏振光与右旋偏振光之差. Stokes 矢量可以完整地描述各种可能的偏振态, 包括完全偏振光、部分偏振光和自然光, 每个参数均为强度纲量. 目前的偏振探测基本上都是通过测量目标光的四个 Stokes 参数获取目标光偏振态并进行处理.

2) Mueller 矩阵

当需要研究某个光学器件或光学过程对光波偏振态的改变作用时, 往往使用 Mueller 矩阵来描述这种偏振态的变化. Mueller 矩阵的定义如下: 当以 Stokes 矢量 S^{in} 表征的入射光通过偏振器件或在其他作用中偏振态产生变化, 出射光的 Stokes 矢量表示为 S^{out} 时, 可以用 4×4 的 Mueller 矩阵表示光的偏振变化特性, 即入射光 Stokes 矢量和出射光 Stokes 矢量的转换关系, 如式 (1-7) 所示:

$$\begin{pmatrix} S_0^{out} \\ S_1^{out} \\ S_2^{out} \\ S_3^{out} \end{pmatrix} = M \begin{pmatrix} S_0^{in} \\ S_1^{in} \\ S_2^{in} \\ S_3^{in} \end{pmatrix} = \begin{pmatrix} m_{00} & m_{01} & m_{02} & m_{03} \\ m_{10} & m_{11} & m_{12} & m_{13} \\ m_{20} & m_{21} & m_{22} & m_{23} \\ m_{30} & m_{31} & m_{32} & m_{33} \end{pmatrix} \begin{pmatrix} S_0^{in} \\ S_1^{in} \\ S_2^{in} \\ S_3^{in} \end{pmatrix} \tag{1-7}$$

3) 偏振度 (degree of polarization, DOP)

偏振度是最常用的光的偏振特性参数之一, 它表示光波中完全偏振分量在总光强中所占的比例, 其定义式为

$$0 \leqslant \mathrm{DOP} = \frac{\sqrt{S_1^2 + S_2^2 + S_3^2}}{S_0} \leqslant 1 \tag{1-8}$$

根据偏振度的定义不难理解, 其值介于 0 和 1 之间. 偏振度是偏振成像探测中最常用的指标, 由于自然背景的偏振度值一般都很低, 而人造目标的偏振度值往往相对很高, 因此利用偏振度进行偏振成像探测常常可以获得很好的探测效果.

4) 线偏振度 (degree of liner polarization, DOLP)

与偏振度的定义相似, 线偏振度表示光波中线偏振光分量在总光强中所占的比例, 其定义式为

$$0 \leqslant \mathrm{DOLP} = \frac{\sqrt{S_1^2 + S_2^2}}{S_0} \leqslant 1 \tag{1-9}$$

线偏振度的值同样介于 0 和 1 之间, 它也是常用的偏振探测指标.

1.2.2 偏振探测技术的应用

偏振探测作为一种新型的探测手段, 在目标识别和信息提取方面有着传统光学探测方式所不具备的优势, 在很多领域都有重要应用, 有着广阔的发展前景.

1) 大气探测

偏振探测可以获取云层的分布、种类、高度及气溶胶的尺寸分布、上层大气风场的速度和温度等重要信息, 为大气物理研究提供许多有用数据 [129-133]. 研究者们可以通过偏振探测获得气溶胶偏振光学参数, 并通过算法反演计算得到气溶胶特性参数, 如散射反射率、散射相函数、偏振相函数、粒子谱分布及折射率等.

2) 地球资源调查

地物偏振信息与地物表面结构、化学组成、含水量和表面状态等因素有关, 不同地物在散射或辐射能量的过程中会产生不同的偏振态, 地物偏振探测在环境污染测定、土壤状态监测、矿产资源勘察等方面等有着广阔的应用前景, 也可以用于研究植被生长、病虫害和农作物的估产等 [134-144].

3) 医学观察

利用普通的成像方式观察生物体内组织器官有很多局限性, 这是因为组织液的散射作用十分强烈, 而偏振成像技术可以有效地消除背景散射带来的影响, 因此可以利用偏振成像的方式提高生物医学观察和诊断的质量, 提高发现异变和病变细胞的能力 [145-149].

4) 水体遥感与船舶监测

在海洋遥感监测中, 水体反射产生的太阳耀斑是影响水质定量遥感的关键问题. 而偏振成像对于水面状态信息有较强的纠偏能力, 在一定程度上能够克服传统遥感手段的缺陷, 部分解决水体定量遥感的问题. 已有研究表明, 海水成分、海面上有无云雾、云雾粒径分布情况、海浪的高低以及海面风速大小等影响因素都会在辐射偏振信息中反映出来. 偏振成像遥感技术还可以用于估测船舶航行参数, 为海面指挥监控提供参考信息 [150-156].

5) 军事应用

由于相对传统强度探测方式具有显著的优势, 偏振探测很早就被应用到军事领域. 利用偏振探测可以辨别出常规探测手段所无法识别的细节, 在军事目标识别方面可以发挥重要的作用 [108,157,158]. 目标和背景“同谱同色”的伪装方法在对抗强度侦察方面很有效, 但是如果使用偏振成像探测, 大部分的伪装目标都可以被识别. 利用热红外偏振探测方式还可以识别导弹发射产生的烟雾和尾焰, 对导弹进行追踪.

1.2.3 偏振探测技术的优势

由于偏振是光波电矢量振动方向的特征, 是独立于强度、光谱的特征维度, 因此探测目标反射光的偏振特征, 能够得到不同于强度、光谱的信息, 使获取的目标光学信息量和信息维度得到扩展. 经过多年研究发展, 偏振探测技术被研究者们公认为具有凸显目标、穿透云雾、识别材质三大优势.

1) 凸显目标

偏振是独立于强度的光学维度信息, 因而在探测器能够响应的前提下, 偏振探测的效果与光强无关. 而且人造目标往往具有较强的偏振特征, 而背景的偏振特征一般都很弱, 很多强度差异比较小的目标与背景常常具有较强的偏振特性差异, 因而偏振探测能够提高背景与目标的对比度, 将目标从背景中凸显出来, 提高发现目标的能力 [159-161]. 图 1-5 是树影中装甲车的强度成像与偏振成像效果对比, 可见偏振探测使得树影中的装甲车与环境的对比度显著提高, 从而极大地提高了发现目标的能力.

2) 穿透云雾

在有云雾或雾霾环境中强度成像的对比度不高, 而通过偏振成像可以得到明显改善, 这是因为与光强信息相比, 偏振信息在云雾等浑浊介质中的保持特性更好, 因此偏振特征受到大气干扰的影响比较小, 可实现更远距离成像 [162-164]. 从如图 1-6 所示的雾霾中远处景物成像效果对比可见: 雾霾情况下强度成像在 14.5km

处对比度不高, 而偏振成像的对比度得到明显提高.

(a) 强度成像

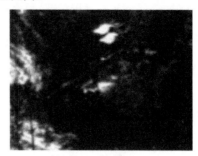
(b) 偏振成像

图 1-5 树影中装甲车的探测效果对比

(a) 强度成像

(b) 偏振成像

图 1-6 雾霾中远处景物成像效果对比

3) 识别材质

目标偏振特性与其表面粗糙度、纹理、含水量、电导率以及材质组成等因素相关, 因此有些情况下多个目标的组成成分不同但通过肉眼或普通成像无法分辨, 而通过偏振探测往往能够将材料组成不同的目标进行清楚的区分[131,165,166,167]. 图 1-7 是对涂写透明发胶字迹的金属板强度成像与偏振成像效果对比. 可见, 鉴于偏

(a) 强度成像

(b) 偏振成像

图 1-7 涂写透明发胶字迹的金属板成像效果对比

振对材质的敏感性, 可以通过偏振信息对目标材料特征进行反演, 识别真伪目标.

由于具有上述凸显目标、穿透云雾、识别材质三大显著优势, 偏振探测已经成为世界各国研究者, 特别是军事部门研究者的研究热点和重点发展的方向.

1.2.4 偏振探测仪器的发展

美国早在 20 世纪 70 年代就开始进行偏振探测仪器的研究工作, 经过四十多年发展, 目前已发展出 6 种类型:

(1) 机械旋转偏振光学元件型偏振成像装置 (见图 1-8) 为最早的偏振探测仪器. 它出现于 20 世纪 70 年代, 工作方式属时序型 (分时), 通过旋转不同角度放置的偏振片/波片到相机位置来记录不同偏振片状态下的图像. 早期用照相胶片记录图像, 20 世纪 80 年代, 随着电视摄像管和 CCD 芯片技术的发展, 探测能力得到了较大提高. 分时工作方式决定了其适合记录静态/准静态运动目标. 运动部件的采用导致体积、重量、抗震能力等方面受限.

图 1-8   机械旋转偏振光学元件型偏振成像装置

(2) 为了克服分时工作在动目标观测中的不足, 20 世纪 80 年代提出了分振幅型偏振成像仪 (见图 1-9). 它采用分束器将入射光分为 3 路或 4 路, 后接 3 ~ 4 个

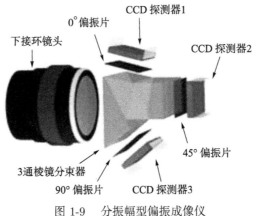

图 1-9   分振幅型偏振成像仪

CCD 探测器, 每个 CCD 探测器前加上不同偏振片, 实现线偏振或全偏振信息的同时探测, 再利用计算机解算. 同时工作方式利于动目标探测, 多光路、多探测器方式工作造成结构复杂、多探测器信息匹配困难.

(3) 随着液晶技术的成熟, 人们发现用电压控制液晶分子偏转来取代机械旋转可提高分时偏振成像仪器的速度, 并使仪器轻巧化, 发展出了液晶可调相位延迟器型偏振相机 (见图 1-10). 其中, 需要克服的难题是液晶对光的强衰减导致探测距离降低, 同时需考虑电控噪声、发热等因素对探测精度的影响.

与液晶型类似的有声光可调滤波器型, 通光孔径有限是其应用瓶颈.

(4) 为了解决分振幅型多光路、多探测器方式存在的体积大、配准难的问题, 20 世纪 90 年代后期发展出了分孔径型线偏振成像探测装置 (见图 1-11). 它利用微透镜阵列将入射光分为 4 部分, 同时将 1 个探测器分为 4 个象限来实现用同一探测器接收, 通过简单计算实现偏振成像. 代表单位如美国 Arizona 大学、偏振传感器公司等.

图 1-10　液晶可调相位延迟器型偏振相机　　图 1-11　分孔径型线偏振成像探测装置

(5) 2000 年出现了分焦平面型偏振成像装置, 它直接在探测器探测面阵前每 4 个像元为一组制作微型偏振片阵列, 实现偏振探测, 系统有微型化的明显特点. 其核心组元如图 1-12 所示.

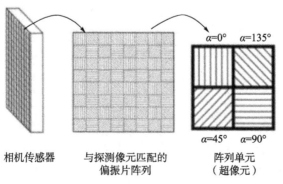

图 1-12　分焦平面型偏振成像装置示意图及核心组元

(6) 通道调制型偏振成像装置的雏形 (见图 1-13) 出现于 2003 年, 利用相位延迟器将不同相位因子分别调制到不同偏振分量上, 在探测器面阵上获得分开的调制像, 再通过计算机解调实现全偏振成像探测. 该类型偏振探测装置受初始原理所限仅能在单色或极窄波段成像, 影响了光通量和探测距离.

图 1-13   通道调制型偏振成像装置的雏形

随着技术的不断进步, 偏振成像正朝着成像速度快、能量损失小和分辨率高等趋势发展, 各种偏振成像方式各有优缺点, 以上 6 种类型偏振成像仪器的发展历程及特点详见表 1-1.

表 1-1   偏振成像仪器发展历程及特点

时间	类型	典型特征	优缺点
20 世纪 70 年代	机械旋转偏振光学元件型	分时型, 机械旋转, 体积中等, (准) 静态成像	技术成熟, 但需要分时多帧成像
20 世纪 80 年代	分振幅型	多光路、多探测器, 体积大, 实时成像	分辨率高, 但光能损失大
20 世纪 90 年代	液晶可调相位延迟器型 / 声光可调滤波器型	时序式, 电控旋转, 体积小, 通量低, (准)静态成像	技术成熟, 但需要分时多帧成像
20 世纪 90 年代后期	分波前/分孔径型	多光路、单探测器, 体积小, 实时成像	速度快, 但成像分辨率低
2000 年	分焦平面型	单光路、单探测器, 小型集成化, 实时成像	速度快, 能量损失小, 但技术成熟度低
2003 年	通道调制型	单光路、单探测器, 轻小模块化, 实时成像	速度快, 能量损失小, 分辨率高

1.3   偏振反射特性建模研究现状

偏振反射特性建模可以用于描述目标偏振反射特征的空间分布, 是研究目标偏振反射特性的基础和关键. 在光学反射特性建模研究中, 人们一般使用二向反射分布函数 (bidirectional reflectance distribution function, BRDF)[10] 描述反射光在整个上半球面的空间分布特性, BRDF 能够很好地将反射和散射统一到一个概念中, 用于描述方向散射和辐射特性.BRDF 由材料表面粗糙度、材料介电常数、入射光波长等因素决定. 经过多年发展, BRDF 理论已广泛应用于可见光、红外及微波波段的辐射和散射中, 以及计算机视觉和地物遥感探测等领域. 在研究目标的偏振反射特性时, 人们提出在光与目标材料的相互作用中加入入射光和反射光的偏振态信息, 将传统的标量形式的 BRDF 扩展为矩阵形式的偏振 BRDF(polarized BRDF, pBRDF), 将反映入射光和反射光偏振信息的 Stokes 矢量对应联系起来, 就能够反映目标反射的全偏振特性, 通过 pBRDF 建模来完整地描述目标的偏振反射特性, 从而获取我们感兴趣的目标特征信息.

1.3.1 BRDF 模型的发展

BRDF 表示基本的光学特性, 描述了整个上半球面的反射能量分布, 定义为目标表面反射光的反射辐亮度与入射光的入射辐照度的比值.

从建模方法上可将 BRDF 模型分为经验模型和分析模型两大类. 经验模型主要是对目标材料进行大量实验测量, 根据测量结果拟合得到适合的模型函数或函数组, 典型的经验模型有 Beard-Maxwell 模型 [11] 和吴振森等 [12,13] 提出的多参量模型. 分析模型是以第一原理或理论分析方法为基础得到的模型, 分析模型可以精确地模拟目标材料散射光的多种物理相互作用过程, 这类模型利用基本的物理原理, 如斯涅耳折射定律和菲涅耳反射定律模拟材料表面的散射过程, 典型的分析模型有 Torrance-Sparrow[14] 模型. 光散射过程的复杂性, 限制了分析模型可以解决的问题范围, 要想使问题得到解决, 一方面可以对模型假设进行简化来扩大适用范围, 但是这样模型的精确度会下降, 另一方面需要建立大量的分析模型数据库. 分析模型又可分为基于几何光学理论的几何光学模型和基于波动光学理论的物理光学模型, 其中几何光学模型形式简洁但受到波长与表面粗糙度关系的限制, 而物理光学模型具有更一般的适用性和更高的精度, 但其计算过程和数学形式极为复杂, 因此目前 BRDF 模型的研究和应用仍然主要集中在几何光学模型方面.

1. BRDF 分析模型

1) 几何光学模型

Torrance 和 Sparrow 早在 1967 年提出了基于微面元理论 (microfacet theory) 的分析模型, 即 Torrance-Sparrow 模型 (简称 T-S 模型).T-S 模型是基于几何光学理论发展来的, 其要求表面粗糙度 σ 的均方根与入射光波长的比值大于 1 $\left(\dfrac{\sigma}{\lambda} > 1\right)$. T-S 模型认为目标表面是由大量方向随机分布的镜面微元构成的, 所有微面元的表面法线统计分布服从高斯分布. 总的反射由所有微面元的镜面反射, 以及相邻微面元间的多次表面反射和内部体散射共同形成的漫反射构成. 如图 1-14 所示: 图 (a) 表示微面元形态, α 为微面元法线与宏观表面法线间夹角; 图 (b) 表示所有微面元斜率的统计分布; 图 (c) 表示反射过程的宏观形态, 其中, θ_i 和 θ_r 分别表示入射角和反射角. T-S 模型考虑了相邻微面元间的阴影/遮蔽效应, 很好地解释了非镜面峰值 (off-specular peak) 现象, 并且修正后的 T-S 模型成了携带偏振信息的 pBRDF 模型, 该模型是目前 DIRSIG 软件中唯一一种偏振形式的 BRDF 模型.

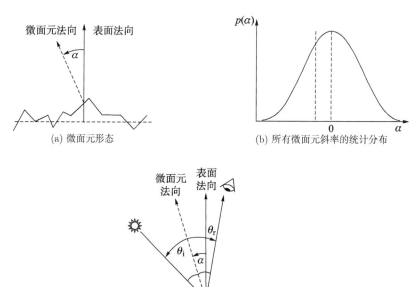

(a) 微面元形态

(b) 所有微面元斜率的统计分布

(c) 反射过程的宏观形态

图 1-14   T-S 模型示意图

卢卡斯电影有限公司的 Cook[15] 和美国康奈尔大学的 Torrance 提出了一种粗糙表面的反射模型, 这种模型比之前的模型更具一般性. 该模型以几何光学为基础, 反射部分是镜面反射和漫反射的线性组合, 漫反射根据经典的朗伯定律表示, 而镜面反射部分则由 T-S 模型表示. Cook-Torrance 模型适用于宽分布的材料、表面条件和照明状况, 可以预测反射光的方向性分布和光谱组成, 适用于模拟金属和塑料. 模型的主要贡献在于发展了最优化的菲涅耳表达式.

2) 物理光学模型

在物理光学中, 利用电磁波理论分析与光的传播有关的问题. 对于光的反射, 利用 Maxwell 方程描述入射光与表面材料的相互作用. 通过反射面的边界条件解 Maxwell 方程来推导反射模型. 很多物理光学 BRDF 模型是基于波动光学理论和 Kirchhoff 标量衍射近似理论提出的.1954 年, 英国牛津大学的 H. Davies[16] 提出了在一定限制条件下处理略粗糙和非常粗糙导电表面电磁波的反射和散射的技术. 这种方法已经被用于微扰水面光的反射以及海面的雷达回波. 用统计方式研究有理想导电性但不规则分布表面的散射和反射特性.Davies 模型假设表面高度不规则分布的平均水平服从高斯分布, 并利用 Kirchhoff 近似推导粗糙表面反射电磁能的表达式. 由于波动光学的微观适应性, 物理光学模型在适用范围上对粗糙度与波长的比值没有限制, 最典型的物理光学模型是 Beckmann[17] 模型, 它提供了一种适用范围更广的理论, 对于所有材料, 各种粗糙度的表面 (从光滑到粗糙) 都适用. Beckmann 的分布模型解释了波长相关性并且给出了由物理光学向几何光学转变的范围 (非常光滑的表面和粗糙表面). 该模型可以在不引入任意常量的情况下就给出反射率的大小, 但是需要大量复杂的运算. He[18] 模型是目前应用最普遍的物理光学模型. 该模型将 Cook 的几何光学模型扩展到物理光学领域, 整体的构想是利用 Beckmann 模型, 但是对一些地方进行了改进, 利用了 Kirchhoff 矢量衍射理论形式, 首次对偏振和方向性菲涅耳效应进行了完整的处理. 但是该模型计算上复杂, 并且模型中需要的参数值不易获得.

除上述提到的几何光学模型和物理光学模型外, 还有 Wolf 模型 [19] 和 Renhorn 14 参数模型 [20] 等众多其他的 BRDF 分析模型 [21-34].

2. BRDF 经验模型

获得所有入射角和反射角处 BRDF 数据的最直接的方法就是对经验数据进行简单的插值.BRDF 经验模型主要基于将测量得到的 BRDF 值进行拟合从而得到合适的模型函数或函数组. 该方法较大程度上降低了维护 BRDF 库需要的计算机存储空间. 经验模型常被用来描述一些不可能被模拟的复杂的光散射现象. 然而无法通过测量获得数据的情况, 就不能推导得到经验模型. 经验模型非常依赖通过 BRDF 测量获得的物理参量, 在一些情况下, 这些参量有物理相关性. 其他情况下, 这些参数仅仅是用于模拟 BRDF 的简单基本函数的权重系数. 总体上, 经验模型的目的是将 BRDF 复杂的性质用尽量少的参数来近似模拟出来.

Phong 简化了 T-S 模型并提出了一个经验型的反射模型, 该模型是镜面反射和漫反射的线性组合. 镜面反射部分为高次余弦的形式 [35]. 密歇根环境研究机构的 Beard 和 Maxwell 在 1973 年提交给美国空军的报告中提出了 Beard-Maxwell 模型 (简称 B-M 模型).B-M 模型是最典型的 BRDF 经验模型, 它利用 6 个参数来模拟各种材料的 BRDF, 模型利用菲涅耳公式通过随机分布的微面模拟首次表面的镜面反射, 漫散射则是利用完全朗伯部分和各向同性的 Hapke/Lommel-Seeliger 模型的组合完成的. B-M 模型的发展最初受到了在表面涂层方面应用的影响, B-M 模型主要是针对红外激光光源 (1 ~ 4μm) 不同偏振态条件下的 BRDF 的预测. 相比于 T-S 模型, 该模型也将反射光分为镜面反射和漫反射两部分, 并且分别对这两部分进行了分析, 只是在该模型中这两部分分别被叫作表面分量和体分量. Robertson-Sandford 模型 [36] 利用 4 个参数来模拟镜面反射和漫反射, 该模型适用于红外辐射计算, 但不能用来解释偏振效应.

国内开展的 BRDF 的计算建模研究并不多, 并且一般以经验模型为主, 目前应用最广泛的是西安电子科技大学的吴振森等提出的基于实验测试的五参量模型以及基于电磁散射计算的相关模型, 五参量模型使实验测量得到简化, 对特定种类的实验材料进行参数拟合得到最优化模型, 该模型很好地解决了解析理论中需要提前获取材料表面粗糙度参数以及其他一些光学参数的问题. 工程上复杂目标散射特性的模拟仿真可以采用此模型. 2016 年, 他们又在近红外和可见光波段对裸露起伏地表建立了 BRDF 模型. 装备学院研究人员通过对 Cook-Torrance BRDF 模型镜面反射部分和漫反射部分的修正, 提出了一种改进的 BRDF 模型, 该模型能较好地描述航空铝板等金属的 BRDF 特性. 目前国内在 BRDF 的测量及应用方面研究较多, 主要是以国外的各种 BRDF 模型为基础对各种不同的喷漆材料、石英材料和金属材料等的 BRDF 特性进行测量验证.

除了以上经验模型外, 国外还有 Minnaert BRDF 模型 [37]、Lewis BRDF 模型 [38]、Neumann-Neumann BRDF 模型 [39]、Strauss BRDF 模型 [40] 等经验模型 [41-45], 国内还有六参量、七参量等 BRDF 模型 [46-50].

1.3.2 pBRDF 模型的发展

由于 BRDF 模型并不能描述偏振效应, 很多学者便开始探索能够描述目标材料偏振散射效应的模型. 20 世纪末, 偏振测量技术得到了快速的发展并且被广泛应用到多个领域, 目标材料理化特性和材料本身属性等信息能通过目标材料的偏振反射特性体现出来, 这引起了人们的广泛关注. 偏振二向反射分布函数 (pBRDF) 模型不仅可以对任意给定入射偏振态光的偏振反射辐射进行预测, 而且能够对目标材料表面偏振反射特性进行定量描述, 在目标探测识别等方面体现出重要的应用价值 [51]. 关于 pBRDF 模型的研究开展得比较少, 发展也较缓慢. 直到 20 世纪 90 年代末, 一些学者的相关研究表明, 还没有一个较为合理的 pBRDF 模型能达到对偏振反射特性精确描述的程度 [52].

实际上, 在之前的一些标量 BRDF 模型中, 已经体现出了一部分建立 pBRDF 模型的思路. 1995 年, 美国尼克尔斯研究所的 Flynn 和埃格林空军基地的 Alexander[53] 针对 BRDF 与表面散射偏振描述之间的关系存在的不足, 将表面散射非偏振的描述扩展到偏振效应的描述, 首次提出在 BRDF 模型中引入偏振的表达方式, 并提出了建立全偏振形式 BRDF 模型的构想. 入射光和反射光被定义为矢量, 并对 pBRDF 矩阵进行了定义, 对非偏形式和偏振形式的 BRDF 矩阵与方向性反射率之间的关系进行了讨论. 该研究对后续 pBRDF 模型的发展具有深远的影响, 因为其提供了研究全偏振形式的 BRDF 模型的全新思路并给出了一定的理论基础.

美国密歇根环境研究所的 Ellis 提出了光滑涂层 (glossy coating) 模型 [54]. T-S 模型和 B-M 模型等许多之前的 BRDF 模型均考虑多次散射并假设体散射偏振态是完全随机的, 这些模型认为首次表面反射光中包含所有偏振信息. 然而, Ellis 推导出的光滑涂层的分析型表达式表明体散射部分对偏振是有贡献的, 而且 Ellis 发现在一些简单的模型中, 首次表面反射光与体散射光间是有耦合作用的, 并且该耦合作用会对体散射光部分的偏振效应产生影响.

美国密歇根环境研究所开发了一个基于第一原理的油漆反射 (F-BEAM) 模型. 这种模型能够预测多层涂层的 pBRDF[55]. 与 Ellis 的光滑涂层模型相比, F-BEAM 模型在一定领域能解决更加复杂的问题. 但在其他领域, Ellis 发现 F-BEAM 模型所利用的简化的设想并不总是有效的. 例如, F-BEAM 模型可以解决多层油漆层并且利用 Mie 散射理论预测色素的散射. 然而, F-BEAM 模型采取的设想为体散射是完全随机偏振的, 不像 T-S 模型,F-BEAM 模型不能解释在大入射仰角时产生的面阴影, 并且这个模型只能解决表面的单次散射. 因此, 在大角度时将会偏离测量数据.

从 2000 年开始, 许多研究者开始对 T-S 模型这种最典型和常见的 BRDF 模型进行扩展, 将其扩展成具有全偏振形式的 BRDF 模型 (pBRDF 模型), 并基于 pBRDF 模型开展了相关的应用研究.

2000 年, 美国海军实验室的 Priest[56] 和美国国家标准技术局的 Germer 将 T-S 模型与 Mueller 矩阵结合起来, 对一个微面元进行研究, 实现了 T-S 模型的偏振化. 利用微面元理论, 假设微面元在二维平面内服从高斯分布, 以该假设为前提对偏振辐射进行计算, 对其中的角度关系做了详细的描述并且推导出了角度关系间的坐标变换矩阵, 建立了入射方向、反射方向、微面元法线方向、目标宏观表面法线方向之间关系的四个坐标系, 进而计算得到了表征入射偏振光与反射偏振光关系的 Jones 矩阵, 得到了 16 个 Mueller 矩阵元素的具体表达式, 最终得到了全偏振的 Priest-Germer pBRDF 模型 (简称 P-G 模型). 该 pBRDF 模型本质上是用 Mueller 矩阵替换了标量形式 BRDF 模型中的菲涅耳反射率. 在可见光波段以及红外波段分别对涂覆绿色油漆的金属样品开展偏振主动照明实验, 实测数据与 P-G 模型模拟结果吻合得较好.Priest 和 Germer 仅仅修正了 T-S 模型中的镜面反射部分, 而 Wellems[57] 提出了漫反射消偏作用. 对一个给定粗糙度的全反射微面元, 在整个半球上对 BRDF 值积分. 积分值与 1 之差可以归因于光的多次反弹和表面相互作用造成的漫反射. 这种消偏是表面粗糙度的函数而与材料复杂的折射率无关. 这种消偏已经加入 DIRSIG 的 T-S BRDF 模型中.

2002 年, Priest 和 Meier[58] 在红外波段对高反射粗糙表面和高吸收粗糙表面偏振散射特性进行了研究, 在铝衬底上分别进行等离子体喷铜、电镀金和电镀铝的操作得到两种粗糙表面并通过实验测量这两种粗糙表面, 将通过实验测量得到的 Mueller 矩阵值与菲涅耳模型比较, 结果表明高吸收粗糙表面的偏振度大于高反射粗糙表面的偏振度.

2002 年, 美国罗彻斯特理工学院的 Meyers[59] 将 P-G 模型引入 DIRSIG 软件, 在后续的偏振光谱反射特性研究中发挥了重要的作用 [60-64]. Fetrow 在复杂环境的红外散射偏振测量研究中, 给出了 T-S 模型的偏振修正形式 [65], 进而研究得到材料表面粗糙度和复折射率的确定方法, 并且在美国两个空军基地进行了空中目标的实验测量和比较.

2003 年, 美国约翰霍普金斯大学的 Duncan[66] 等提出了一个新的基于物理原理的 BRDF 分析模型, 它能够反映任意粗糙表面散射光的偏振态差异, 体现目标的偏振信息. 该模型含波长参数, 既包含目标表面的固有属性 (如折射率), 又包含目标的外在特征 (如表面高度变化的统计矩). 该模型的成果之一是它能够预测随光波长变化的辐射偏振态, 但是模型包含的偏振态也仅限于正交的两个方向, 即 p 光和 s 光.

2008 年, 瑞典国防研究院的 Renhorn 和美国中佛罗里达大学的 Boreman 等提出一个基于物理分析方法的粗糙表面 BRDF 模型, 该模型中含有 14 个参数, 选定参数后该模型能够精确地符合 BRDF 散射数据. 1982 年, 卢卡斯电影有限公司的 Cook 和美国康奈尔大学的 Torrance 基于计算机图形学的应用提出了 Cook-Torrance 模型, 该模型可以有效模拟铜、金等金属的散射特性, 同时对一些塑料、陶瓷等非金属的模拟也较为有效.

2009 年, 赖特–帕特森空军基地的 Hyde 等 [67] 对基于微面元理论的 P-G pBRDF 模型进行了扩展, 并做出了两点改进: 一是将几何衰减因子 (geometrical attenuation factor, 阴影/遮蔽函数) 引入模型中的镜面反射部分, 这样就可以在入射角或观测角为掠射情况下, 使 pBRDF 值保持有界, 能够更好地模拟表面散射特性; 二是发展了漫反射 pBRDF 表达式, 该部分能够更好地模拟通过多次表面反射趋于消偏的粗糙反射表面.Hyde pBRDF 模型也是目前较完善的 pBRDF

模型.

一方面受到军工目标与环境预研计划的推动, 另一方面注意到了增强后向散射等新发现所带来的研究热点, 我国从七五末期到八五期间较系统地开展了目标光散射特性的研究, 形成了由原航空航天部 207 所全尺寸目标外场测量、中国科学院安徽光学精密机械研究所 (中科院安徽光机所) 缩比模型测量、西安电子科技大学以理论与实验研究为主的部门研究所、科学院和高校紧密联系的研究体系.

在目标背景和海天背景方面, 西安电子科技大学针对特定区域所特有的典型土壤、植被以及机场和桥梁 8~14μm 红外辐射特性和图像特征, 建立理论模型, 模拟在不同季节、不同时间、不同气象条件下, 地面背景在红外成像系统上所显示的热图像特征, 主要研究典型地域所特有的地物结构类型参数、辐射参数和热物性参数随季节及组织成分的变化关系, 建立相应的数据库, 研究裸露地表 (如土壤、机场跑道、公路和桥梁等)、低矮植被 (如小麦、水稻和草地等) 及林冠表面温度分布特性, 着重考虑较大表面起伏变化, 不同地物交界对温度分布的影响, 建立三维热模型, 还与中科院安徽光机所合作对各种不同粗糙度、不同材料样片的 BRDF 或单位面积散射截面的角分布进行了大量的测量和研究. 此外, 西安电子科技大学还与中国兵器工业总公司 212 所研究了坦克前甲、顶甲激光 (0.9μm) 的散射特性, 研究水平在国内处于领先地位. 西安机电信息研究所采用遗传算法, 建立坦克涂层样片和水泥地样片的 BRDF 的参数模型.

此外, 一些国内学者的贡献如下: 田来科讨论了光散射模型和表面粗糙度的统计特征; 吴振森测量了不同粗糙金板、铝基、钢基和各种涂层表面的可见光与红外反射率谱及 BRDF, 与理论计算结果吻合良好, 并且应用遗传算法对粗糙表面激光散射进行了统计建模; 王爱囤根据光电子统计学理论, 得出了工件粗糙表面反射光的散射光强分布, 建立了评价反映粗糙表面散射光强分布特征的二阶中心距 S_N 与 R_q 关系的数学模型和相应的测试系统; 王明军、董艳冰等测量了特殊的镀金聚酯薄膜、镀铝绝热材料和硅化合物材料表面的激光 (1.06μm)BRDF、光镜反射率谱、总体反射率谱以及等效光学常数, 利用多参数优化的遗传算法, 建立了材料表面的 BRDF 统计模型; 齐超、李文娟等分析并评述了二向双射率测量在一些领域 (如植被长势检测、国土资源遥感、环境气候监测及抑制杂散光等) 的应用并展望了该技术在现代国防军事领域中的广泛应用前景; 谢鸣、徐辉、邹勇等对典型建筑材料中的某种花岗岩表面进行了表面粗糙度的测量, 并在现有条件内通过转动样片和探测器, 实现了空间 BRDF 的测量, 分析了表面粗糙度对 BRDF 的影响.

目前国内在 pBRDF 模型建立方面与发达国家还有较大的差距, 但是国内很多科研机构和院校也已经在这方面开展了很多研究. 合肥工业大学的研究人员在一阶矢量扰动理论的基础上, 对多层涂层建立了 pBRDF 模型, 并在该模型基础上研究多层高反射和单反射涂层的偏振反射特性; 北京师范大学的谢东辉 [69] 通过对玉米嫩叶二向偏振反射率的测量, 将具有不同偏振态的菲涅耳因子耦合到 Cook-Torrance 模型中, 建立了单叶片的 pBRDF 模型; 中科院环境光学重点实验室 [70] 的研究人员在吴振森五参量模型的基础上提出了适用于不同涂层样品的多参量混合 pBRDF 经验模型; 西北工业大学的赵永强 [71] 对土壤样品进行了大量实验测量, 分析了偏振度与反射角间的关系, 分别建立了强度分量模型及偏振度分量模型, 在此基础上建立了土壤背景的 pBRDF 模型; 北京理工大学的王霞 [72] 在 Hyde pBRDF 模型的基础上提出了红外 pBRDF 模型, 并对绿色和黑色油漆表面的偏振反射特性进行了实验测量. 另外, 北京大学 [73] 和西安交通大学 [74,75] 等多家单位也都取得了一些不错的成果. 还有一些研究者则对植被等典型的地物目标的偏振特性进行了研究, 提出了常见地物目标的偏振反射模型 [78-80].

1.3.3 典型目标偏振特性及规律的发展现状

偏振是光波横波性的一种外在表现, 是指波在垂直于传播方向的平面内振幅在不同方向上表现出的不相等现象. 偏振是光的固有特性之一, 由菲涅耳反射定律及 Kirchhoff 理论可知, 地表和大气中的任何物体在折射、反射和辐射光的过程中, 由于表面形貌、纹理、含水量、介电常数以及入射光角度的不同, 都会产生由其自身性质所决定的特征偏振.

在相当长的一段时间里, 偏振作为一种特征信息并未受到足够的重视, 在绝大多数场合都被看作一种有害的干扰加以消除. 随着信息技术和光学探测技术的发展, 人们发现了偏振信息载体的作用, 相关研究才逐渐开展起来. 由于偏振探测相对于其他光学遥感技术 (如可见光、红外、成像光谱等) 有其独特的优势, 因此近年来获得了飞速的发展.

国内外研究机构对偏振光谱探测技术进行了大量的研究, 包括探测原理、仪器、数据处理与定标、应用等多个方面, 先后研制出多种不同结构、不同原理的探测设备并提出相关数据处理、定标方法, 利用这些设备开展了偏振应用方面的研究. 自 20 世纪 80 年代末以来, 我国科技工作者在偏振探测技术的研究方面做出了重要的贡献, 以中科院安徽光机所、上海技术物理研究所为代表, 研制出航空多波段偏振相机、卷云探测仪等偏振光谱探测设备, 填补了我国偏振探测仪器的空白. 武汉大学、国防科学技术大学、东北师范大学等院校也开展了偏振技术应用方面的研究, 为我国偏振技术的发展做出了重要贡献. 但总的来说, 我国偏振技术的研究, 特别是偏振光谱的应用研究还比较落后, 通过偏振探测设备采集到的数据得不到有效的利用, 仪器研究和应用研究脱节, 严重影响了我国偏振探测技术的发展和应用.

偏振是电磁波的一个主要特性, 它是除强度、波长和相干性之外的光的另一维度特性. 偏振信息在过去并未引起足够的重视, 在很多情况下被认为是干扰信息, 往往被消除. 随着光学探测技术的不断发展, 偏振作为信息载体的优点逐渐体现出来, 并得到越来越多研究者的认可, 相关研究才逐渐开展起来. 偏振探测作为一种新的探测方法相对于其他光学探测技术 (如可见光、红外、成像光谱等) 有其独特的优势, 辐射能量中包含目标的偏振特征信息, 在光学探测过程中根据偏振信息能够有效地识别目标低反射区并且分辨出目标轮廓, 这样目标三维信息便可在复杂的背景环境中被提取出来. 偏振信息可以解决光在大气传输过程中气溶胶和云层等影响探测精度的难题, 可以在复杂背景环境中精确识别人造目标, 能够同时获取目标的强度信息和偏振信息. 因此偏振方面的研究近年发展迅速.

目标反射光的偏振特性与多种因素有关, 而目标自身的特性决定了目标反射光的偏振特性. 由光与物质相互作用的过程, 可以发现单次散射光偏振度较大 [81]; 低反射率表面反射光偏振度较大 [82]; 人造目标表面反射光会产生较大的偏振度, 而自然目标表面反射光会产生较小的偏振度; 并且偏振度对湿度也很敏感 [83].

由于偏振信息与目标表面的化学成分、结构组成、含水量以及表面状貌等因素有关, 因此偏振在地球资源的探测方面发挥着重要的作用. 不同的地物目标由于以上因素不同, 所以在能量辐射过程中偏振态也不同, 因此偏振信息在矿物资源勘探、土壤状态评估、环境污染监测等领域都有重要的应用价值 [84]. 在农作物生长和估产、病虫害预防等农业生产方面同样可以利用偏振信息. 赵云升等采用理论联系实验的方法, 在实验室和外场条件下, 根据目标偏振反射的机理以及多角度条件下的偏振测量结果, 对不同种类植被冠层偏振反射特性进行了研究分析. 结果发现, 植被冠层的偏振反射比值与入射、探测几何相关. 植被冠层的偏振反射具有明显的各向异性特征, 且与植被冠层的结构形态相关. 地表测量的植被冠层偏振反射比可达 0.095, 远大于以往结果. 偏振反射模型可以有效地计算出一般植被冠层的偏振反射信息, 但是对于完全平展型且有光滑叶片的冠层却会出现较大误差 [85]. Ben 测量了不同自然背景在热红外波段的偏振度, 其中土壤和沙石的偏振度为 0.5%~1.5%, 植被的偏振度约为 0.5%, 人造目标偏振度一般都大于 1.5%, 所以根据偏振度的不同人造目标很容易被识别出来. Vanderbilt 等在对树叶的偏振反射特性研究中发现, 树叶的含水量与偏振度有关 [87], 并且树叶的结构信息包含在偏振反射特性数据中.

在大气探测中, 偏振特性也发挥着重要作用, 它能够为大气物理方面的研究提供新的思路和方法, 并且偏振成像能够提高光经云层、气溶胶、雾霾等浑浊介质后的成像质量. 李正强[88] 通过偏振测量的方法得到了大气气溶胶的偏振光学参数, 通过算法反演气溶胶特性, 反演能力得到有效提高. Egan 等 [89] 利用偏振测量方法得到了大西洋上空浮尘的复折射率和密度. 通过多角度偏振观测能够反演气溶胶参数, 用该方法可以对大气进行偏振遥感测量. 美国国家航空航天局设计的 EOSP 作为研究大气的仪器具有 12 个偏振探测通道, 该仪器能够测量得到包括云层光学厚度和气溶胶分布状况在内的很多特性数据. POLDER[92] 是由法国空间研究所研制的有 3 个偏振探测通道的测量仪器, 该仪器主要测量云和气溶胶 [90,91,93] 以及全球海洋水色等信息.

在水下目标成像方面, 偏振探测具有独特的优势. 美国宾夕法尼亚大学的 Rowe[94-97] 研究小组从仿生学角度出发, 通过对海洋生物视觉系统特点的研究, 提出利用偏振差分成像 (PDI) 探测浑浊介质中的目标. 由于散射背景的偏振方向与目标光子的偏振方向不同, 可以通过共模抑制的方法抑制散射背景, 保留有用的目标信号, 使探测信噪比得到提高, 这就是偏振差分的特性. 实验结果表明偏振差分探测效果明显优于传统的光强探测. 美国 SY 公司的 Chenault[98] 开展了在浑浊介质中应用偏振度成像技术识别目标纹理特性的研究. 实验结果表明, 浸没在牛奶溶液中的目标, 通过偏振探测能够清晰地显示目标上的字迹. 与传统的光强探测相比, 光的另一维重要信息——偏振信息能够有效探测浸没在散射介质中的目标表面纹理特征.

与传统的光强探测相比, 偏振探测由于具有提高复杂背景环境和人造目标对比度的优势, 所以在军事领域应用较早. 偏振探测能够凸显很多强度探测无法辨别的细节, 因此在目标探测识别上有着巨大的应用潜力. 美国在军用目标偏振探测识别方面起步较早, 并且已经开展了大量研究. 美国空军实验室的 Goldstein[99] 利用偏振方法检测涂有油漆的铝板, 检测结果表明: 随着入射角增大, 偏振度增大; 随着反射率的减小, 偏振度增大. 瑞典国防研究机构 [100] 在 2001 年通过实验证明了利用偏振技术对地雷进行探测的优势. 尽管随着时间流逝, 地雷会逐渐被灰尘和生长的杂草覆盖. 但是实验表明, 与散射目标 (背景: 植被) 相比, 镜面目标 (地雷) 有更强的偏振特性, 所以利用偏振探测手段能够更好地将其识别出来. 纽约大学的 Egan[101,102] 对军用伪装车辆和飞机开展了偏振特性实验研究. 实验结果表明, 方位角对偏振度的影响很大, 而波长对偏振度的影响很小, 并且通过实验结果还发现自然背景偏振度较小, 军事目标偏振度较大, 因此在偏振图像上军事目标显得非常清晰 [103]. Gronall 和 Aron[105] 在外场实验环境下对车辆和帐篷分别进行偏振成像实验, 结果显示偏振成像在热红外波段能够提高目标的探测效率, 有效抑制背景噪声的影响. 美国 Arizona 大学 [106] 在 2010 年开展了红外偏振成像实验, 实验结果表明人造目标与自然背景的偏振特性差异明显, 不同的目标和背景在偏振图像上能被有效地区分出来. 2010 年 2 月, 美国武器研究、发展与工程中心 (ARDEC) 与陆军实验室开展了光谱和偏振成像采集实验. 对俄罗斯的自动榴弹炮的偏振特性进行了 7 个月的测量, 收集了不同季节、不同时段、各种不同天气条件下的 81936 幅长波红外偏振图像, 并给出了目标背景特性曲线 [107]. 美国空军实验室 2011 年 [108] 开展了天空偏振成像目标追踪测试. 实验对低空遥控模型飞机进行探测, 比较可视彩色成像与长波红外偏振成像的性能, 结果显示在不同的背景条件下, 长波红外偏振成像可以明显改善目标探测的性能. 在偏振探测识别方面, 中国科学技术大学 [109] 的研究人员也做了一些研究, 对涂覆不同颜色涂料的铁板进行偏振识别实验. 结果显示强度图像无法识别出铁板, 但偏振角图像能够明显区分出目标.

使用偏振光谱探测可以显著改善物体成像的对比度, 从而提高了目标识别的准确程度, 国内外的许多研究人员在这方面做了大量的工作. 国外从 20 世纪 60 年代开始了自然地物表面的反射偏振谱研究, 70 年代各国的科研人员对反射光偏振特性的产生机理及应用价值做了大量理论研究以及室内外的实验研究.

通过调研公开发表的文献, 我国的研究人员在该方面的研究工作起步较晚, 研究相对较少, 并且主要集中在反射偏振光谱的应用方面, 尚未对光偏振特性的产生机理及应用进行更深的研究. 国外对可见光与红外波段均有较多研究, 而国内还主要集中在可见光波段, 几十年来取得了丰硕的研究成果, 积累了大量的数据与经验. 然而值得注意的是, 国内学者的研究工作大都集中在工程技术层面, 对偏振特性机理的研究还需进一步深入.

下面笔者从国内外偏振探测的作用和目的分类, 对以前的研究成果进行总结.

1) 自然地物表面特征测量

2004 年, 东北师范大学的黄睿 [219] 在硕士学位论文中研究了不同类型岩石的偏振反射特征, 表明岩石的偏振反射比在探测角等于入射角处出现最大值, 在方位角 180° 处出现峰值, 并且 0° 偏振的峰值要远大于 90° 偏振的峰值. 2005 年, 东北师范大学的赵丽丽等 [220] 又进一步研究了利用偏振光谱技术来推测月球表面的岩石密度和复杂岩石的折射率问题. 2007 年, 东北师范大学的杜嘉、赵云升和中科院东北地理与农业生态研究所的宋开山等 [222] 研究了黑土的偏振反射特性, 研究了土壤表面散射光的偏振度与太阳高度角之间的函数关系, 发现偏振度先是随着太阳高度角增大而增大, 在高度角达到布儒斯特角时达到极值后又减小, 呈现抛物线形. 2010 年, 中科院安徽光机所的研究人员张菁、孙晓兵和中科院通用光学定标和表征技术重点实验室的洪津 [227] 在以上研究基础上, 从探测角与偏振特性的关系来反演土壤湿度, 成功地得出了低植被土壤表面散射光的偏振度与土壤湿度近似成正比的结论, 为反演低植被土壤覆盖下的土壤湿度提供了一种新的途径. 2010 年, 东北师范大学的孙仲秋等 [228] 从多角度偏振反射入手, 研究了光入射天顶角、探测天顶角、探测方位角、偏振角、雪密度、雪中污染情况、雪下覆背景等因素对反射光的偏振特性的影响, 研究结果表明, 雪中污染情况对雪的偏振反射光谱的影响最为显著.

2005 年, 中科院上海技术物理研究所的杨之文等 [221] 采用求取 Stokes 参数的方法, 在可见-红外波段对草地、黄色环氧板、沥青楼顶、绿帆布、水泥路面及铁板等六个样品的偏振反射光谱进行了测量与比较. 结果表明目标的偏振特性与其自身性质、测量波长、观测角度均有很大的关系, 沥青楼顶的偏振度始终较大, 黄色环氧板、绿帆布和铁板随波长的变化较为明显, 而草地和水泥路面的偏振度较小, 几乎不随观测角度和波长的变化而变化, 并从观测角和波长两个影响因子方面对自然背景和人造目标的偏振反射光谱特性作了研究. 一般来说, 自然光经人造物体反射后偏振度普遍较大, 而自然背景的偏振度却很低, 这使得在偏振遥感中利用偏振度成像, 很容易从自然背景中识别出人造目标.

2008 年, 北京航空航天大学的张绪国、江月松与赵一鸣等 [226] 通过研究由目标后向散射光所获得的强度图像与偏振度图像, 对消偏振机理以及表面散射和体散射对目标偏振度的影响进行了分析. 研究结果表明, 在目标的反射率相近时, 强度图像不能区分不同材料的目标, 而偏振度图像却可以区分.

2) 水体信息获取

偏振探测对水面状态信息比较敏感, 可以克服传统遥感获得信息量少的缺陷. 海水是否被污染以及污染的程度、海水富营养化中浮游植物的含量、各种无机盐离子的浓度等, 都可以通过辐射中的偏振光谱体现出来.

1999 年 [236], 美国国家海洋和大气管理局的 Joseph A. Shaw 通过计算机模拟对海水散射和热辐射的偏振态进行了模拟. 模拟结果显示了散射和热辐射偏振态随波长和入射角的变化规律, 在 0° ∼ 75° 范围内, 模拟结果与测量结果符合得很好.

2006 年, 东北师范大学的赵云升等 [230] 对水面溢油进行了多角度偏振测量与二向性反射测量, 发现二向性反射、45° 偏振、偏振均值三者在 2π 空间的相应方位角、天顶角、探测角以及通道上的反射比均相等. 2007 年 [237], 内江师范学院的罗杨洁等通过改变光线入射角、探测角、探测方位角、偏振角等影响因子, 得出了水体样本的多角度偏振反射光谱的普适规律. 2007 年, 东北师范大学的赵丽

丽等 [231] 应用二向反射光度计实测了不同水体 2π 空间的多角度偏振反射光谱数据, 分析了水体的偏振反射特性. 结果表明: 各种水体因物质的组成成分含量和污染程度的不同, 其液面具有不同的偏振反射特征. 2007 年, 东北师范大学的王洒 [238] 在硕士学位论文中采用高光谱多角度偏振遥感技术对具有不同浓度悬浮泥沙的水体的偏振特性进行了详细的研究并得出了一定规律. 2011 年, 东北师范大学的韩阳等 [234] 又研究了水中除金属以外其他污染物的偏振光谱特性.

2010 年, 中科院安徽光机所的袁越明等 [233] 采用差分偏振傅里叶变换红外 (Fourier transform infrared, FTIR) 光谱法探测水面溢油污染, 通过获取目标在水平与垂直两个偏振方向的偏振强度差谱对目标实施探测, 准确确定溢油的种类. 东北师范大学的孙仲秋等进一步研究了不同原油与原油厚度的偏振反射光谱, 对其多角度高光谱偏振反射信息进行了测量, 并对其退偏度进行了计算.

2010 年, 北京大学的吴太夏 [239]、河北省气象科学研究所的相云和东北师范大学的赵云升等对湖泊水体的多角度偏振信息进行了测量, 发现对于清洁水体光谱, 在可见光和近红外波段的反射率比较低, 其光谱特征不明显; 而在对水体进行多角度偏振观测时, 水体在可见光与近红外波段的偏振度值远大于其无偏的反射率.

3) 人造目标识别

国外的人造目标偏振特性识别研究起步较早. 早在 1993 年 [86], 以色列理工大学的 B. Ben-Dor 等就成功利用光束中的线偏振信息来提高弱目标与杂乱背景的对比度, 克服了传统的热红外成像技术不能有效区分弱目标与杂乱背景的缺陷, 并总结出了低偏振度、中偏振度、高偏振度三类典型的目标物体.

2000 年, 纽约州立大学的 Michael J. Duggin 和 Walter G. Egan[101] 通过对伪装 C-130 飞机机身不同部分的数字偏振图像的研究表明, 与强度图像相比, 偏振图像分辨率更高. 在阳光照射区域, 短波的偏振度较大, 在阴影区域, 长波 (红外) 的偏振度较大. 2002 年, 他们进一步研究了伪装的 B-52 轰炸机的偏振图像, C-130 飞机的成像受到探测器信噪比的影响, 并且利用天空背景的负偏振度与从机身上得到的散射光辐射进行对比, 大大改善了偏振度成像质量. 2000 年 [99], 美国空军研究实验室的 Dennis H. Goldstei 使用偏振差分光谱仪对 12 块涂了不同标准油漆的铝板做了近红外偏振特性实验, 这些铝板具有不同的颜色、反射率和表皮, 发现偏振度随反射率的增加而增加, 随入射角的增加而增加.

传统红外测量不能在复杂的背景中检测出伪装目标, 而在偏振探测中却很容易实现. 2003 年 [104], 瑞典国防研究署的 Forssell 和 Eva Hedborg-Karlsson 对伪装物体的偏振辐射特性进行了测试, 结果表明退偏度是入射角的函数, 这种特征使得该表面可以作为偏振测量中的参考表面.

2010 年, 美国肯尼迪航天中心、Arizona 大学和密歇根科技大学的 Dr. John Stryjewski 等在毛伊岛光学与空间监视高级会议报告中, 建立 Agena 火箭和哈勃空间望远镜 (HST) 的模型, 对太阳光照射下空间碎片和卫星目标的实时偏振光曲线及偏振特征规律进行了研究, 表明空间目标偏振效应可以用于空间目标身份 (ID) 认证、卫星寿命和健康研究以及实时姿态估计. 2011 年, 南京理工大学的徐实学 [191] 在其博士学位论文中, 针对典型的金属材质和电池板材质, 设计了模拟空间目标材质在自然光照射下散射光振幅分布特性、光谱频率特性以及偏振度分布特性的测量系统和方法, 建立了相应的数学模型, 实现了不同材质的特征鉴别. 发现两种不同材质散射光的偏振度均随着特定的测量参量单调变化, 并且递增方向完全相反, 明确显现出不同目标之间的区别, 这一结果为材质表面散射光偏振特性分析用于空间目标探测的研究提供了理论和实验依据.

2002 年, 中科院安徽光机所的曹汉军、乔延利等 [83] 对自然光偏振成像的结果进行分析后发现, 与强度图像相比, 偏振图像在低照度部分, 特别是边缘信息得到了增强, 从而对比度得到提高, 对纹理探测效果十分明显, 偏振度与物体表面粗糙度、观测角等依赖关系较强, 也与波长有关. 2007 年 [270], 汪震、乔延利和洪津等对地物背景 (土壤) 中的不同类金属目标板及红外伪装遮障进行了热红外偏振成像探测实验, 结果表明: 地物背景、金属目标板及红外伪装遮障的热红外偏振特性各不相同, 且和其红外辐射强度无关. 他们还研究了铝质和钢质金属板热红外偏振度与观测角之间的关系, 实验结果表明: 在观测角大于 20° 时, 金属目标板热红外偏振度随观测角增大.

2008 年, 国防科学技术大学的张朝阳、程海峰和陈朝辉等 [275] 研究发现, 伪装网的散射偏振度受观测条件和材料自身特性 (如反射率、折射率和表面粗糙度) 影响很大, 与自然背景相比, 伪装目标的偏振特征非常显著, 利用偏振成像可以有效地识别出常规侦察手段能够发现的目标. 2009 年, 张朝阳等 [276] 进一步测试了染料型和涂料型伪装材料的偏振散射光谱, 结果表明: 染料型伪装材料散射光的偏振度较小, 偏振度随入射角基本保持不变; 涂料型伪装材料散射光的偏振度较大, 偏振度也随着入射角逐渐升高; 散射光的偏振度与表面粗糙度成反比. 张朝阳等 [277] 又研究了不同入射条件下具有粗糙表面的伪装涂层材料的偏振散射过程, 得到了材料的偏振散射光谱, 发现在镜面反射方向, 伪装涂层材料表面具有高的线偏振度, 而草地背景的线偏振度很低, 伪装涂层材料的面散射会产生较大的偏振度, 而体散射的偏振效应较小; 深色涂层因为面散射起主要作用而具有较大的偏振度; 涂层散射光的偏振度与入射角成正比.

4) 目标材料分类

1996 年, 美国约翰霍普金斯大学的 Hua Chen 和 Lawrence B. Wolff[293] 基于经过金属散射的两正交偏振分量的相位差依赖于反射特性, 而电介质则没有这种性质的原理, 提出了利用基于偏振相位准确区别物体种类的技术, 从理论、应用和实验验证三方面体现了该技术的创新可靠性.

2003 年, 法国路易斯巴斯德大学的 Jihad Zallat、Pierre Grabbling 和 Yoshi Takakura 等 [211] 把所获得的物体的偏振图像 (包括 Stokes 参数图像与 Mueller 矩阵图像) 场景分为不同的集群, 每一个集群所包含的偏振信息都与特定的材料相对应, 通过比较常用的 K-方式计算方法来对偏振图像集群中的偏振信息进行分析, 很好地实现了材料的分类.

2007 年, 美国新墨西哥州立大学的 Vimal Thilak、Charles D. Creuserehe 和 David G. Voelz 等 [294] 利用从被动偏振成像技术获得的图像来区分不同材料的非朗伯体. 通过建立迭代模型来计算非朗伯体的复折射率, 模型与采集的数据拟合得非常好, 可以非常有效地区分不同材料的目标.

2008 年, 日本千叶大学的 Shoji Tominaga 和大阪电气通信大学的 Akira Kimachi[295] 对金属与电介质镜面反射角附近反射光的偏振度进行了研究. 研究结果表明, 金属与电介质的偏振度曲线在镜面反射角处均取得极值, 但这两种材质的区别在于, 在镜面反射角附近, 电介质的偏振度曲线是凸的, 而金属是凹的, 这使得仅从偏振度曲线峰值处的凹凸变化情况就可以区分金属与电介质, 从而得到了一种区分金属与电解质的简单有效的办法.

2010 年 [296], 美国赖特–帕特森空军基地的 Milo W. Hyde Ⅳ 和 Jason D. Schmidt 等提出了一种基于湍流退化的偏振成像技术的计算方法, 按照偏振特征把材料分成两组: 铁组 (铁、钛、镍、铬) 和铝组 (铝、铜、金、银), 紧接着他们又提出了一种基于大气湍流振荡衰减的偏振图像来区分金属与电介质技术, 采用 LeMaster-Cain 偏振最大似然盲去卷积算法来消除大气中的散乱背景所引起的一些辐射影响, 从而根据线偏振度的最大似然估值来判断物体是金属还是电介质.

5) 人造物体表面测量与三维重建

2002 年, 日本东京大学 [297] 的 D. Miyazaki、Y. Sato 和惠普日本公司的 M. Saito 等对透明物体可见光及近红外偏振反射特性进行了研究, 利用菲涅耳公式推导出了透明电介质表面反射光的偏振度表达式. 通过测量透明电介质物体反射光 (镜面反射) 的偏振度和折射率, 就可以反演出入射光的角度, 从而计算出物体的三维形貌. 2004 ~ 2005 年 [298,299], D. Miyazaki 对偏振度表达式中可能出现的入射角二义解的问题进行了研究, 提出在测量时旋转被测物体进行两次测量可解决这一问题, 使得透明物体的三维形貌复原更加准确.

2006 年 [300], 法国国家科学研究中心 (CNRS) 的 O. Morel、C. Stolz、F. Meriaudeau 等又将偏振三维重建技术推广到了具有镜面反射特性的金属物体, 通过重建得到了浮雕的三维立体图. 2006 ~ 2007 年 [301,302], 英国约克大学的 G. A. Atkinson 和 E. R. Hancock 利用偏振成像技术对非透明光滑物体的三维形貌测量进行了研究, 所不同的是他们利用的是物体表面的散射光偏振而非镜面反射光.

2008 ~ 2010 年 [303,304], 长春理工大学的杨进华、邸旭、岳春敏等追踪国外偏振成像技术用于物体三维形貌测量的研究, 搭建了相关设备, 也实现了透明物体的三维形状复原.

6) 需要解决的关键问题

目标偏振特性在一些应用场合下体现出明显的优势, 国内外已经有了不少目标偏振散射特性方面的研究, 但尚有以下几个问题值得关注:

(1) 人们对目标的偏振散射特性理解仍然不够深入, 还没有研究清楚目标偏振特性本质上的物理机理. 目前国内外的相关研究偏重于通过实验得出效果对比, 再延伸到实际应用中去, 而目标偏振特性机理和规律的研究较少. 偏振效应物理成因方面研究成果的缺乏使得目标偏振特性的研究只能依靠经验数据来进行分析, 缺乏理论指导, 今后对偏振特性研究的进展有可能因此而变得缓慢.

(2) 目前所有的 pBRDF 模型都要依赖基于实验测量的任意角度下的 Mueller 矩阵, Mueller 矩阵完全由实验确定, 测量过程复杂, 导致 pBRDF 模型依赖测量和经验, 缺乏按照电磁理论推导的物理来源, 使得利用模型对偏振二向反射特性进行预测时并不能减少实验测量的工作量, 也就是说, 这样 "查表" 形式的 pBRDF 模型实际上不是完整意义上的模型. 目前, 进行完整意义上的 pBRDF 模型建立, 难点在于对 16 个 Mueller 矩阵元素的描述, 但是目前国际上对 Mueller 矩阵元素的研究成果比较少, 人们对其物理含义和规律的认识仍比较肤浅.

(3) 国内外对目标偏振特性的描述对象比较单一, 大都是将反射光的线偏振度作为分析的对象, 研究它随目标属性和一些环境变量的变化规律, 发现它在许多场合体现出优势, 但是人们目前对线偏振度这一概念的物理意义的理解也只是停留在表面, 不清楚它究竟代表什么物理关系. 人们对其他偏振特性指标研究得较少, 所以可能其他偏振特性指标包含更有价值的目标信息而尚未被人们发现和研究.

(4) 对于标量 BRDF 模型, 人们相对研究得比较多, 对不同的目标材质建模适合选择不同的 BRDF 模型, 但是尚未见到有文献对各种不同 BRDF 模型的适用条件, 包括适合的材料、波段等进行完整的总结和讨论, 为材料检测、目标识别提供一个光学散射模型的选择依据, 造成人们进行光学散射建模时在 BRDF 模型的选择上存在一定的盲目性. 而且目前典型的 BRDF 模型对于温度等影响因素没有加以考虑.

1.3.4 偏振谱特性研究发展现状

国外从 20 世纪 60 年代开始了自然物体表面的反射偏振谱研究, 从那以后, 很多学者对地物的偏振特性进行了研究. 70 年代各国的科研人员对反射光偏振特性的产生机理及应用价值做了大量理论研究以及室内外的实验研究. 通过调研公开发表的文献, 我国的研究相对较少, 并且主要集中在反射偏振光谱的应用方面, 尚未对光偏振特性的产生机理及应用进行更深的研究. 国外对于可见光与红外波段均有较多研究, 而国内还主要集中在可见光波段.

1. 地物分类与识别

传统的光谱探测技术发展已经日趋成熟, 尤其是多光谱技术经过几十年的发展, 已经从单纯的被动遥感技术发展为主动与被动相结合的多通道多光谱探测和主动的激光多光谱探测技术, 可以较好地对物体进行探测. 然而这些技术都是从辐射强度方面提取信息, 利用获得的强度信息对物体的一些性质 (折射率、化学性质、纹理特性等) 的研究都不尽人意, 并且在反射强度对比度较低的物体面前也显得束手无策. 除了几何信息与光谱信息外, 经物体散射、反射或热辐射的光波中所含的偏振信息也能够反映物体十分重要的特性. 偏振光谱探测能比较有效地解决这些难题. 使用偏振光谱探测可以显著改善物体成像的对比度, 从而提高目标识别的准确程度; 国内外的许多研究人员在这方面做了大量的工作, 在这里选了一些比较有代表性的工作, 具体如下.

1998 年, 美国卡耐基梅隆大学的 D. F. Huber 和 M. Gottlieb 等使用自己设计与研制的基于声光可调谐滤波器与硫化锌光弹性可变相位延迟器组成的偏振光谱相机在可见光到中红外波段进行测量得到了物体的偏振图像. 该技术利用自然背景与人造目标的反射光的偏振特性差异, 将光谱技术与偏振信息相结合, 采用自己发明的抑制背景强度的计算方法, 使目标和背景明显区分开来 [216].

2007 年 [217], 美国空军研究实验室的 Michael J. Duggin、William R. Glass 和 Elizabeth R. Cabot 使用 Nikon D2000 10.2 巨型, 三通道, 每通道 12bit 相机对不同物体进行了偏振特性测量.

2007 年 [218], 日本和歌山大学的 Takanori Nomura 和 Bahram Javidi 使用偏振相移数字全息技术来进行模式识别. 通过使用全息照相术, 可以获得三维物体振幅分布以及两个正交分量的相位差分布. 这些信息包含了振幅与物体的偏振特征, 可以用来改善模式识别的区分能力. 这是世界上首次应用数字全息照相术来进行物体三维偏振特征的识别.

我国的研究人员在该方面的研究工作起步较晚, 但是这几十年来取得了丰硕的研究成果, 积累了大量的数据与经验. 然而值得注意的是, 国内学者的研究工作大都集中在工程技术层面, 对偏振特性机理的理论研究还需进一步深入. 个人觉得下一步研究工作的重点应该放在对收集到的大量数据进行更深层次的分析. 以下仅对国内最近几年来取得的一些最新研究成果做一介绍, 他们代表了我国对偏振信息在地物识别与分类应用中的整体方向.

对于在建立岩石偏振特性数据库和岩石类型识别方面的研究, 2004 年, 东北师范大学的黄睿在赵云升教授的指导下 [219], 在自己的硕士学位论文中分别在 A 波段 (630 ~ 690nm) 和 B 波段 (760 ~ 1100nm) 对粗粒花岗岩、橄榄岩、花岗斑岩、辉长岩、闪长岩、玄武岩的偏振反射特性做了测量, 总结了入射角、探测角、方位角及不同波段等影响因子与偏振反射比之间的关系. 研究结果表明: ① 在相同的影响因子条件下, 不同类型的岩石的偏振反射特征差异较大; ② 岩石的偏振反射比在探测角等于入射角处出现最大值, 在方位角 180° 处出现峰值, 并且 0° 偏振的峰值要远大于 90° 偏振的峰值; ③ 同一类型的不同岩石在化学成分、结构方面有细微的差异, 因此偏振反射差异较小. 对于上述 ③ 中的情况, 利用偏振特征的判据不足, 黄睿又进一步根据偏振数据建立了神经网络模型, 为进行岩石分类提供了更充分的条件. 对于这方面的研究, 可以为遥感中地质的探测提供一定的参考, 具有重要的意义.

2006 年 [220], 东北师范大学的赵丽丽和赵云升又进一步研究了利用偏振光谱技术来推测月球表面的岩石密度和复杂岩石的折射率问题. 该课题组成员根据大气中的目标地物在反射、散射和透射电磁辐射的过程中将产生与它们自身性质相关的偏振特性, 提出利用多角度偏振探测技术在当前 “月球探测热” 中的应用可能性, 将光谱信息与偏振信息相结合, 根据光的色散特性估算月球表面岩石的密度和估测月球表面岩石的化学成分. 这使得 “重返月球” 计划中多角度偏振探测技术的应用具有可行性.

2007 年, 北京航空航天大学的赵一鸣、江月松和中国空间技术研究院的尤睿等 [223] 利用偏振度对混合目标的混合比进行了研究. 通过建立混合目标模型将混合目标散射光的偏振度与混合目标的混合比建立直接的关系, 在理论上得到了混合目标混合比分别与混合目标偏振度和归一化偏振度之间的数值关系.

2007 年, 西北工业大学的王道荣 [224] 在潘泉教授的指导下, 在自己的硕士学位论文中将地物光谱偏振信息与空间信息相结合, 采用偏振度 (P)、辐射强度 (I)、偏振方位角 (θ) 三个参数对光谱偏振图像进行反演与分类处理, 直观地反映了物质的偏振特性.

2008 年, 西北工业大学的赵永强、潘泉和北京师范大学的宫鹏等 [225] 克服了光谱信息与偏振信息各自的缺陷, 将高光谱技术与偏振技术相结合, 利用高光谱偏振技术对物体进行探测, 大大增强了目标探测的能力, 改善了对场景进行描述的质量.

2. 污染检测

传统的水污染检测需要对水体进行取样, 耗时耗力, 而近年来比较常见的水体富营养化和水面溢油污染问题, 严重污染了海洋环境, 并对海洋生物危害极大, 取样检测在这些问题面前则显得无能为力, 传统的遥感测量也并不能够解决所有的问题, 而偏振探测对水面状态信息比较敏感, 可以克服传统遥感获得信息量少的缺陷. 海水是否被污染以及污染的程度、海水富营养化中浮游植物的含量、各种无机盐离子的浓度等, 都可以通过辐射中的偏振光谱体现出来. 利用空间遥感能在全球范围内获得与此相关的大量信息, 从而为及时防止、发现污染做出快速反应. 国内外的研究人员在这方面做了不懈的努力.

2005 年, 日本宇航探索局 [229] 的 Kohzo Homma、Hiromichi Yamamoto 和日本农业环境科学研究所的 Michio Shibayama 等基于传统的成像仪器的像素含有多重光谱信息的缺陷, 使用高光谱图像光谱偏振仪在可见到近红外波段对含有悬浮固体的水体的偏振特性进行了测量, 改进了传统的化学检测水污染的小容量水体的局限性.

2008 年, 清华大学的郑超蕙、刘雪华和何炜琪等 [232] 使用高光谱偏振技术对配置铜绿微囊藻、氯化铵、硝酸钾、磷酸氢二钾和苯甲酸五个单一物质 3 个浓度梯度, 分别象征叶绿素 a、氨氮、硝氮、溶磷、COD (化学需氧量) 五项常用水质指标的溶液的光谱偏振特性进行了测量, 并用常规光谱信息分析和偏振特征分析等方法对各指标在 350 ∼ 1000nm 范围内的光谱信息进行了研究. 研究结果表明: 与常规的遥感光谱相比, 纯藻溶液, 氯化铵、硝酸钾的溶液在偏振光谱中的识别精度明显提高.

3. 海洋水体

偏振遥感对水面的状态十分敏感, 经过水面散射的光波中含有的偏振信息与水体状态密切相关, 因而可以通过光波的偏振状态来反演水体的许多物理参数. 水体的浑浊程度、海面上有无云雾、海浪的高低都可以从辐射的偏振信息中提取出来.

1999 年, 美国国家海洋和大气管理局的 Joseph A. Shaw[236] 在 3 ∼ 15μm 波段, 分辨率为 0.05μm, 通过计算机模拟对经过海水散射和热辐射的光波的偏振态如何随环境条件的变化而变化进行了说明.

2007 年, 内江师范学院的罗杨洁、东北师范大学的赵云升和北京大学的吴太夏等 [237] 基于水体样本的多角度偏振反射光谱, 对水体镜面反射的偏振特征和机理进行了系统的研究.

2007 年, 东北师范大学的王洒 [238] 采用高光谱多角度偏振遥感技术对黄河花园口段具有不同浓度悬浮泥沙的水体在 2π 空间内的偏振特性进行了详细的研究, 该研究为黄河水体悬浮泥沙的偏振定量研究提供了重要参考, 然而该实验的结果没有考虑叶绿素和污染物的影响而建模, 数学模型的精度还有待确定.

2010 年, 北京大学的吴太夏、河北省气象科学研究所的相云和东北师范大学的赵云升等 [239] 使用美国 ASD 公司的可见光/近红外光谱仪 (350 ~ 2500nm) 对北京大学未名湖 (湖水较清晰, 无波纹, 天气条件晴朗无云) 水体的多角度偏振信息进行了测量. 测量结果表明: 对于清洁水体光谱, 在可见光和近红外波段的反射率比较低, 其光谱特征不明显; 而在对水体进行多角度偏振观测时, 水体在可见光与近红外波段的偏振度值远大于其无偏的反射率. 该文同时还对 POLDER 仪器于 2008 年 11 月 29 日截取的大西洋某海域的 PARASOL 卫星图像进行了分析 [240].

4. 气溶胶和云探测

地面上空云的分布、种类及高度, 云和大气气溶胶粒子尺寸分布均能影响大气辐射收支, 从而对大气和气象产生很大的影响. 由于陆地地表反照率的复杂性, 陆地上空气溶胶的反演一直是卫星对地观测的一个难点. 陆地上空标量辐射对地表反射率和大气气溶胶散射都具有很强的敏感性, 而偏振反射只对大气气溶胶敏感, 对地表不敏感. 因此可以利用辐射强度探测与偏振探测相结合的方式来更好地探测云的相态, 估计云顶的高度, 确定大气气溶胶的光学厚度, 以及更有效地分析云层内部的物理状态, 确定卷云存在与否、冰晶粒子的优势方向, 以及大气气溶胶粒子的尺寸、分布等能影响天气的微物理特性参数.

2002 年, 纽约大学城市学院的 W. G. Egan 和 Q. Liu[241] 采用多种大气模型 (不同的微粒大小、密度、复折射率) 对大西洋上空由撒哈拉沙漠产生的浮质的负折射系数 ε 进行了测量, 分析了偏振、光度两种模式下的影响. 研究结果表明: 蓝光与红光光学厚度的比值大于 1, 沙漠浮尘的存在导致海洋表面颜色的红移; 偏振度随气溶胶厚度的增加而减小, 且与波长相关; 观测天顶角增加, 偏振度也增加. 因而可以利用偏振手段消除气溶胶对海色观测造成的影响.

2005 年, 中科院安徽光机所的孙晓兵、洪津和乔延利 [242] 利用 PVF021 型光谱偏振辐射计对位于东经 117°9′44″, 北纬 31°54′17″ 的合肥市西郊进行了太阳光以不同角度入射大气时, 大气气溶胶散射辐射的偏振特性变化规律以及某一散射角气溶胶的光谱偏振特性测量实验. 研究表明: 大气气溶胶散射辐射由于多次散射退偏振作用的影响, 不出现完全线偏振, 偏振度不会达到 100%, 总是部分偏振光, 但是会出现偏振度较小点, 甚至中性点. 实验测量结果与理论是相符合的, 气溶胶偏振度对波长具有选择性, 短波偏振较强. 对于晴朗无云的情况, 实验证明气溶胶偏振度与散射角密切相关, 散射角越接近 90°, 其偏振度越大.

2007 年, 北京航空航天大学的赵一鸣、江月松和路小梅 [243] 从介质粒子数浓度方面着手研究了对散射光偏振度的影响. 通过求解 Mueller 矩阵及偏振度, 给出了在波长 806nm 处散射光的偏振度与散射介质的粒子数浓度之间的变化关系, 为使用散射光偏振度研究大气遥感提供了新途径.

2007 年, 中科院遥感应用研究所的程天海、国家航天局航天遥感论证中心的顾行发和余涛等 [244] 在 865nm 波长处采用矢量辐射传输方程模拟分析了卷云层的总反射率和偏振反射率, 并利用卫星观测数据验证了模拟结果. 模拟过程中, 冰晶粒子采用非均匀六角单晶体 (inhomogeneous hexagonal moncrystal, IHM) 模型, 研究了卷云微物理特征、光学特征和地表反照率对总反射率和偏振反射率的影响, 提出了利用总反射率和偏振反射率来反演卷云参数的方法: 首先利用偏振反射率信息反演厚卷云的长宽比信息, 然后用总反射率信息和反演得到的冰晶粒子的长宽比信息反演卷云的光学厚度信息, 在反演的过程中需要考虑地面贡献.

2009 年, 北京航空航天大学的孙夏和赵慧杰 [245] 利用 POLDER 数据做了反演陆地上空气溶胶光学特性和地表反射率的研究, 在 865nm 波长处发展了一种基于多角度的总反射率和偏振反射率联合反演气溶胶光学参数的算法, 根据倍加累加法矢量辐射传输模式构建查找表, 实现了气溶胶光学特性参数和地表反射率的同时反演. 反演的气溶胶光学厚度和地表反射率结果与 CNES 提供的 POLDER 相应产品比较接近, 折射指数和粒子有效半径没有定量的验证, 定性分析在空间分布上比较符合规律, 能够得到合理的结果.

2009 年, 北京航空航天大学的赵一鸣、江月松和张绪国等 [246] 使用 CALIPSO 卫星数据, 对大气中的气溶胶等目标的后向散射特性进行了去偏振度计算及分析. 研究结果表明, 利用目标的后向散射去偏振度信息, 能够很好地表征大气气溶胶的构成种类、目标特征、垂直高度分布特征.

2010 年, 合肥工业大学的吴良海 [247] 在高隽教授的指导下, 在自己的硕士学位论文中对大气中散射光的偏振模式分布的产生机理进行了解释, 并搭建偏振成像系统对天空中散射光的偏振特性进行了检测, 用来与仿真结果进行比较, 可以比较有效地反演大气中的一些物理参数.

2010 年, 大连理工大学的邹晓辰 [248] 从大气中气溶胶对天空散射光的影响入手, 分析了天空散射光偏振特性的产生机理及测量原理, 并建立了天空散射光偏振特性的测量模型. 在 450 ~ 475nm 与 435 ~ 470nm 波段处, 对天空的散射光偏振特性进行了处理与分析, 研究了湿度、污染指数和云层等气象因素对天空散射光偏振特性的影响. 研究结果表明: 太阳可见天气下的天空散射光偏振分布特性与 Rayleigh 散射模型基本吻合, 阴天下的天空散射光偏振分布特性与 Rayleigh 散射模型存在明显差别, 其中云层剧烈运动天气下的天空散射光偏振分布特性完全偏离了 Rayleigh 散射模型, 而天气稳定的阴天下的天空散射光偏振分布特性围绕太阳分布的一致性依然存在.

5. 作物探测

1985 年, 美国普渡大学的 Vern C. Vanderbilt、Lois Grant 和 Craig S. T. Daughtry[87] 对植物单叶片及植被的散射光中的偏振信息作了研究. 通过测量数据说明了单叶片及植被的散射光中的偏振信息与其光学特性及植物特性的关系. 实验结果给出了对植被是如何散射和使其散射光发生偏振的理解, 得出了遥感中地面植被的散射光中偏振成分和非偏振成分的比例与光源无关的结论, 可以用来区分植被种类及预测植物的生长情况.

2002 年, 美国环境资源和森林工程部门的 M. J. Duggin 和 G. J. Kinn[249] 利用便携多通道图像偏振仪在绿色、红色和近红外波段对自然背景中的植被进行数字成像, 从自然景观中获取了定量的信息, 明显增强了背景与植被的对比度.

2002 年, 英国的 Peter N. Raven、David L. Jordan 和 Catherine E. Smith[250] 对月桂和毛蕊分别做了偏振特性测量. 月桂有含蜡表层, 光洁无毛, 对入射光以镜面反射为主; 而毛蕊则多绒毛, 对入射光产生漫散射. 在 632.8nm、1064nm、3.39μm、10.6μm 波长处测量了两种植物叶子的 HDR 与 BRDF, 研究结果表明: 月桂的 HDR 有明显的布儒斯特影响, 而毛蕊的 HDR 中很少的 s 或 p 偏振被观测到. 在接近镜面反射角的方向上, 由 M_{01}/M_{00} 表征的毛蕊的偏振度小于月桂. 前散射区域月桂的退偏效应远小于毛蕊, 即月桂的偏振度远大于毛蕊. 后散射区域两种叶子的偏振性质比较相似.

1998 年 5 月, 中科院大气物理研究所的韩志刚、吕达仁和刘春田等 [251] 使用自行研制的偏振光度计对内蒙古草原的羊草和苔草样方进行了太阳反射光偏振特性的测量. 测量结果表明: 天然草样偏振测量实例, 在一定程度上能够体现植被所具有的而仅用强度反射测量所不能得到的镜面反射特征. 对草原遥感采用偏振测量, 可以得到有别于强度测量的独特信息.

2000 年, 东北师范大学的赵云升、黄方和中科院长春光机所的金锡锋等 [252]

对植物单叶片的偏振反射特性做了相关的研究, 研究了偏振反射比与植物种类、光线入射天顶角、探测角及方位角的关系. 可以看出, 国内的研究水平与国外的差距比较大, 国内的研究集中于偏振信息与植物的几何特性的关系, 而国外的研究主要致力于偏振信息的产生机理.

2005 年, 东北师范大学的赵云升、吴太夏和胡新礼等[253] 紧接着以银杏单叶为例, 研究了单叶的偏振化二向性与二向性反射之间的定量关系, 研究结果表明二向反射、45° 偏振、偏振均值三者在 2π 空间的相应方位角、天顶角、探测角以及通道上的反射比均相等.

2006 年, 武汉大学的彭钦华、于国萍和唐若愚等[254] 使用 CCD 相机获取了樱树树叶表面反射光的偏振信息, 得到了反映树叶表面信息的偏振度图像. 研究结果表明在 PDI 探测中, 树叶与背景的偏振度相差非常大, 而在普通图像中背景与树叶的反射率接近而很难区分.

2006 年, 武汉大学的另外一组课题人员唐若愚、于国萍和王晓峰[255] 利用 CCD 获取了苎麻、女贞、大叶黄杨的树叶偏振度图像, 他们发现在普通强度图像中灰度值之比约为 1 的两种物体, 在偏振度图像中灰度值之比接近 2, 因而使用偏振度图像可以更容易区分强度图像难以区分的不同物体.

2007 年, 东北师范大学的张莉莉在赵云升教授的指导下[256], 在自己的硕士学位论文中以丁香为例, 分析了在植被的衰老过程中丁香叶片的偏振反射特征, 确定了敏感的植被参数, 并在大量实测数据的基础上建立起叶绿素含量的偏振高光谱反演模型.

2010 年, 北京师范大学的谢东辉、朱启疆和中国气象科学研究院的王培娟[69] 联合对玉米嫩叶、玉米成熟叶和一品红叶表面的二向偏振反射率分布做了测量, 通过建立 pBRDF 模型与实测数据拟合, 利用遗传算法进行参数反演, 获得了叶片的漫反射率、等效折射率和表面粗糙度, 从而也获得了偏振度信息所代表的植物单叶的性质.

6. 生物医学

2008 年, 密苏里–哥伦比亚大学的 Xin Li、Janaka C. Ranasinghesagara 和 Gang Yao[257] 通过对骨骼肌样品进行测量, 获得了其偏振反射图像, 并通过计算获得了样品的 Mueller 矩阵图像. 研究发现, 计算所得到的 Mueller 矩阵图像不同于经典的聚苯乙烯. 经过肌肉散射的后向散射光沿着垂直于肌肉纤维取向的方向保持相对较高的偏振态.

2009 年, 美国天主教大学的 Jessica Ramella-Roman 和 Amritha Nayak[258] 使用分辨率为 1nm 的偏振光谱仪在 $450 \sim 767$nm 波段对通过鸡的肌肉的光波进

行了全 Stokes 参数测量. 研究结果表明: 在波长较长处所对应的偏振度比较大, 这是由于随着波长的增加, 散射程度降低.

2011 年, 美国亚拉巴马州立大学的 Rong-Wen Lu、Qiu-Xiang Zhang 和 Xin-Cheng Yao[259] 采用圆偏振固有光学信号 (CP-IOS) 代替线偏振固有光学信号 (LP-IOS) 对神经活动特性进行了测量. 研究结果表明:CP-IOS 具有灵活性, 其信噪比和幅度与神经的取向无关, 从而克服了 LP-IOS 信号的强度依赖于神经分子取向的缺陷.

2005 年, 福建师范大学的徐兰青 [260] 在李晖与谢树森教授的指导下, 在自己的硕士学位论文中利用偏振光传输的 Stokes-Mueller 表述、Mie 散射理论和 Monte Carlo(MC) 模拟方法研究了生物组织后向散射偏振光的传输特性, 利用反映介质偏振特性的 Mueller 矩阵进行介质特性的识别, 将 Mueller 矩阵应用于浅表组织精细结构的探测.

2005 年, 华中科技大学的邓勇 [261] 在骆清铭教授的指导下, 在自己的博士学位论文中通过测量模型的后向漫散射光的 Stokes 参数, 研究了不同方位的线偏振光及不同旋向的圆偏振光入射时, 脂肪乳的后向漫散射强度、偏振度的特征, 提出利用漫后向散射光随线偏振光入射方位的变化来测量上皮组织模型表层的粒子尺寸分布及相对折射率.

2007 年, 南京理工大学的常莉在李振华教授的指导下 [262], 在自己的硕士学位论文中对偏振光在散射介质中的传输特性进行了实验测量和理论分析两个方面的研究. 在实验测量部分, 测量了葡萄糖对散射介质后向散射光偏振特性的影响; 在理论分析部分, 从定性、定量两个方面分析了脂肪乳剂中有无葡萄糖 Mueller 矩阵的二维分布图及解偏度变化规律, 找出了第 70 列数值 Mueller 矩阵的本征值的变化规律.

7. 军用伪装目标识别

在这个应用方面, 国外的研究起步较早. 早在 1992 年, 以色列理工大学的 Dor、Oppenheim 和 Balfour 等 [263] 就使用 AGA 公司的 780 成像辐射计在 8 ～ 12μm 波段成功利用光束中的线偏振信息来提高弱目标与杂乱背景的对比度, 克服了传统的热红外成像技术不能有效区分弱目标与杂乱背景的缺陷. 并提出了三类典型的背景: ① 偏振度可以忽略的物体 (草、小麦、树、灌木丛), 这些物体的偏振度不到 0.5%; ② 偏振度居中的物体 (沙子、岩石、裸露地面), 这些物体的偏振度一般在 0.5% ～ 1.5%; ③ 高偏振度背景的物体 (海洋、公路、房顶), 这些物体的偏振度一般大于 1.5%.

1998 年, 美国物理创新公司的 C. S. L. Chum、D. L. Fleming 和 W. A. Harvey

等 [264] 利用自己公司生产的高空间分辨率的偏振敏感传感器快速捕获视频帧, 使之转化为目标温度分布图像和目标的三维形状与取向图像. 凭借该传感器的高速信号处理能力, 可以实时获得高分辨率的偏振图像.

2001 年, 英国马尔文防务评估和研究机构的 John W. Williams 与彻特西防务评估和研究机构的 Howard S. Tee 和 Mark A. Poulter[265] 在无人驾驶飞机空降平台上使用技术验证项目 (TDP) 中的英国远程雷场探测系统 (REMIDS) 验证了集成系统中的热辐射偏振探测技术可以用于探测雷场. 通过大量的数据收集和分析, 采用 DERA 发明的计算方法来对雷达原始偏振数据进行预处理, 成功从背景中区分出雷场及其边缘.

2002 年, 美国环境资源和森林工程部门的 M. J. Duggin 和 R. Loe[266] 利用偏振度图像中的对比度差异依赖于频谱带宽的原理, 研制了工作在可见光和红外波段的高光谱图像偏振仪. 说明了如何通过结合适当的计算方法有选择性地利用获得的数据来提供更高的目标分辨率.

2005 年, 以色列 ELOP 热成像业务部门的 Y. Aron 和 Y. Gronau[267] 基于人造目标具有较大的线偏振度而自然背景的辐射线偏振度较小的原理, 提出在 LWIR 波段成像仪上加装可旋转的偏振片可以比较容易地实时获得高信噪比图像. 但这种成像仪器在 MWIR 波段的效率却很低.

2008 年, 加拿大国防研究与发展部的 Daniel A. Lavigne、Mario Pichette 和 AEREX 航空电子公司的 Melanie Breton 等 [268] 在总结主动成像和被动成像中利用偏振信息的基础上, 认为自然背景与人造目标相比固然具有较强的解偏能力, 但仍需要在杂乱背景中进行大量的实验, 以增强成像的可靠程度, 尤其是在利用激光的线偏振性主动成像方面仍需进一步的研究. 在近红外和长波红外两个波段利用偏振成像传感器进行了军用与民用目标在不同背景中成像的实验, 确定了在一定的照明和环境条件下, 选择主动或者被动偏振成像哪种方式更加可靠.

2003 年, 中科院安徽光机所的孙晓兵、乔延利和洪津等 [93] 着重分析了某些主要人工目标的偏振特征, 在室外和室内对一些主要人工目标进行了多波段偏振成像探测. 从光波的偏振传输特性着手, 讨论了它们偏振态的空间变化和光谱变化, 分析了测量条件的变化与被测目标偏振态变化之间的关系. 研究表明: 根据这些关系可以很好地来反演目标的纹理特征、表面结构以及材料的类型.

2004 年, 中国科学技术大学的孙玮、刘政凯和单列等 [109] 利用自制的多波段 CCD 地面实验装置获取了目标的偏振图像, 采用了基于 JSEG (joint systems engineering group) 分割算法的图像处理手段, 可以很好地从复杂背景中对人造目标与伪装目标进行识别. 实验证明: 该方法识别自然背景下的人造目标是相当有效的.

2004 年, 南京理工大学的崔骏、李相银和王海林等 [269] 研究了在不同粗糙程度表面情况下, 激光经过金属目标反射后, 其后向散射的偏振特性与入射角的关系. 研究结果表明: ① 高度起伏平缓的微粗糙面的散射特征接近于理想镜面; ② 在大角度入射时, 后向散射增强十分明显, 漫反射分量增强, 散射系数的分布范围增大.

2007 年, 中科院安徽光机所的汪震、乔延利和洪津等 [270] 利用自行研制的热红外偏振成像仪对地物背景 (土壤) 中的不同类金属目标板及红外伪装遮障进行了热红外偏振成像探测实验. 结果表明: 在利用热红外偏振探测系统获得的 Stokes 参数图像中, 地物背景、金属目标板及红外伪装遮障的热红外偏振特性各不相同, 并且与其红外辐射强度无关, 相对于红外强度探测更容易从地物背景中识别出金属目标板及红外伪装遮障. 他们还利用该热红外偏振成像仪研究了金属板热红外偏振度和观测角之间的关系 [271]. 实验中采用的金属板分为铝质和钢质, 表面都进行了抛光处理. 实验结果表明: 金属目标板热红外偏振度和其自身的热辐射亮温值没有直接的关系. 在观测角大于 20° 时, 随着观测角的增大, 金属目标板热红外偏振度的数值也增大. 但在观测角小于 20° 时, 金属目标板热红外偏振度和观测角之间的关系并不遵循上述原则.

汪震、洪津和乔延利等 [272] 通过热红外偏振成像系统获得了目标的偏振图像, 由计算机对图像中的偏振信息进行提取. 由于目标与自然背景的热红外偏振特性有较大的差异, 通过分析这些信息, 可以更好地识别目标. 实验结果表明: 该方法不仅可以很好地识别自然背景中的人造目标, 而且对热红外伪装目标的识别也很有效.

2007 年, 烟台大学的王新、王学勤和孙金祚 [273] 采用 He-Ne 激光作为照明光源, 进行主动成像. 根据目标散射光偏振度的差异, 利用 DSP 图像采集系统获取了目标的偏振图像, 并利用图像融合技术计算了目标的 Stokes 参数图像和偏振度图像. 结果表明: 偏振成像技术能有效地滤除杂乱背景散射光的影响, 明显地提高目标成像的对比度和分辨率.

2007 年, 解放军电子工程学院的唐坤、邹继伟和姜涛等 [274] 在文献 [270] 的基础上, 在 8 ~ 14μm 波段, 利用武汉德高公司生产的 IR931A 型红外热像仪在特定的环境条件下对一个红外伪装目标和背景的红外偏振特性进行了研究. 研究结果表明: 目标与背景的偏振度对比度远大于二者的强度对比度. 这一结果表明, 红外偏振技术在提高红外探测系统的侦察和识别能力方面具有十分重要的研究价值.

2008 年, 中科院环境光学与技术重点实验室的冯巍巍、魏庆农和汪世美等 [70] 采用基于微面元理论的 pBRDF 模型, 对涂层材料的空间光散射理论进行了数值模拟, 采用遗传算法对 pBRDF 模型的参量进行了反演, 分析了模型参量对 pBRDF 的影响. 数值模拟的结果和实验结果的对比说明, 该模型算法具有较高的模拟精度, 为后续涂层目标偏振特征提取与识别工作提供了一定的参考.

2008 年, 国防科学技术大学的张朝阳、程海峰和陈朝辉等 [275] 采用中科院安徽光机所研制的多波段偏振 CCD 相机 (443 ∼ 865nm) 对不同颜色的伪装网进行了偏振参量测量和成像实验. 研究结果表明: 伪装网的散射偏振度受观测条件和材料自身特性 (如反射率、折射率和表面粗糙度) 影响很大; 面散射具有起偏作用而体散射具有消偏振作用; 与自然背景相比, 伪装目标的偏振特征非常显著, 利用偏振遥感可以有效地识别出常规侦察手段能够发现的目标. 2009 年, 国防科学技术大学的程海峰、张朝阳和陈朝辉等 [270] 采用偏振相机进一步在光学与红外波段测试了染料型和涂料型伪装材料的偏振散射光谱, 研究了不同探测植被波段下粗糙材料表面的偏振散射机理. 研究结果表明: 染料型伪装材料的偏振度较小, 当光源以不同的入射角照射其表面时, 偏振度基本保持不变; 涂料型伪装材料的偏振度较大, 且随着入射角的增大, 其散射光的偏振度也逐渐升高; 材料散射光的偏振度与表面粗糙度成反比, 染料型伪装材料具有较大的表面粗糙度, 在与入射光的作用过程中多次散射占优, 因此, 其偏振度很小. 国防科学技术大学同一课题组的张朝阳 [277] 在 2009 年采用多波段偏振 CCD 相机在光学与红外波段测试了镜面反射方向伪装材料的偏振特征, 研究了不同入射条件下具有粗糙表面的伪装材料的偏振散射过程, 得到了材料的偏振散射光谱. 在镜面反射方向, 伪装材料表面具有高的线偏振度, 而草地背景的线偏振度很低. 在同一年 [278] 又进一步研究了入射角、观测方位角对伪装材料的偏振参量的影响, 发现伪装涂层材料的面散射会产生较大的偏振度, 而体散射具有小偏振效应; 深色涂层因为面散射起主要作用而具有较大的偏振度; 涂层散射光的偏振度与入射角成正比.

2011 年, 北京理工大学的陈伟力、王霞和金伟其等 [279] 基于高灵敏度的中波制冷焦平面探测器, 搭建了中波红外偏振成像系统, 针对特定场景中的典型目标, 开展了红外偏振成像实验, 获得了有效的实验数据和成像规律, 并基于 HSV 颜色空间对偏振信息图像进行了融合再现实验研究. 研究结果表明: Stokes 参数偏振图像以及偏振度和偏振角图像均包含了从传统强度图像中难以获得的目标场景信息, 可突出光滑表面的轮廓、金属与水泥构件等的差异, 有利于对隐藏目标和伪装目标的探测与识别; 利用彩色图像融合方法将热辐射强度、偏振度和偏振角图像的融合是一种可行的偏振图像再现方式, 可以综合反映偏振成像的有效信息.

8. 提高图像清晰度与成像距离

2005 年, 以色列理工学院的 Einav Namer 和 Yoav Y. Schechner[280] 研究了由大气中的阴霾导致的可视程度降低的问题. 以前利用偏振图像来增加可视距离有三个局限: ① 偏振器件的移动速度较慢; ② 利用偏振图像来增加可视距离对于镜面物体或表面比较光亮的物体失效; ③ 主要是人工选择视野中一些比较有代表性的点. 针对这三个局限, 提出了梯度计算方法, 该方法可以自动提取出所需要的偏振参量, 尤其对于镜面物体的偏振效应特别有效.

1999 年, 中科院安徽光机所的曹念文、刘文清和张玉钧等 [281] 在波长 532nm 处研究了水下成像清晰度和成像距离的增大及偏振成像技术的关系, 成功推导了偏振成像系统图像清晰度与成像距离的关系式, 与实验符合较好, 定量地说明了偏振技术提高了图像清晰度和成像距离. 研究结果表明: 当水体较浑浊时, 圆偏振度成像效果没有线偏振度成像效果好; 当水体较清时, 圆偏振成像效果较线偏振成像效果好, 可以用线偏振取代圆偏振成像来增加成像距离.

2003 年, 西安电子科技大学的王海晏、杨廷梧和安毓应等 [282] 利用激光水下偏振特性获得了目标的 PDI, 从理论和实验上对水下目标探测进行了研究. 实验表明: 利用水下目标与背景的偏振差异来区分两者, 与强度图像相比, 在相同距离、相同水质情况下, 可以明显提高激光水下成像的清晰度与探测距离.

2006 年, 西北工业大学的都安平 [283] 对偏振探测中偏振图像的获取、融合及基于偏振的尘雾模糊图像还原等进行了研究. 利用基于 PDI 的尘雾模糊图像复原算法替代小波变换的偏振图像融合的方法, 对由介质的散射造成的图像模糊进行了恢复, 在图像信息熵、清晰度和对比度改善方面都取得了不错的效果.

9. 混浊介质中的目标增强与识别

2000 年, 英国诺丁汉大学的 John G. Walker、Peter C. Y. Chang 和 Keith I. Hopcraft[284] 采用圆偏振光或线偏振光对浑浊介质进行主动成像, 对所获得的图像中原始的、相反的和正交的状态信息进行分离, 再通过 Monte Carlo 分析, 使得图像的对比度得到明显增强, 介质的可视深度明显增加.

2000 年, 美国劳伦斯–利弗莫尔国家实验室的 S. G. Demos、H. B. Radousky 和 R. R. Alfano[285] 利用散射光子光谱与偏振信息相结合的技术来获得组织表面向下更深的图像. 通过对不同波长的偏振光波经过表面散射后的解偏振图像处理, 增强了对组织以下结构的可视程度. 实验结果表明: 以鸡的组织作为散射样本, 可看到组织表面以下深达 1.5cm 的结构.

2004 年, 英国诺丁汉大学的 Peter C. Y. Chang、Jonathan C. Flitton 和 Keither I. Hopcraft[286] 采用以太阳光或天空散射光为光源的被动成像技术, 对经

过介质散射的光波的偏振特性进行分析, 增加了浑浊介质中目标的可视深度. 通过对悬浮在水中的含有充满聚苯乙烯乳胶球的细胞的物体的可视实验和 Monte Carlo 模拟得到了令人满意的结果. 上述结果对于 Rayleigh 散射介质是成立的, 而对于更大尺寸的粒子则不适用.

2005 年, 耶路撒冷希伯来大学的 Shai Sabban、Jonathan C. Flitton 和 Keith I. Hopcraft 等 [287] 对水下光波的偏振模式分布进行了测量并建立了相关的数学模型. 结果表明, 利用偏振信息可以明显增加水中目标的可视距离.

2006 年, 密苏里–哥伦比亚大学的 Ralph Nothdurft 和 Gang Yao[288] 发现圆偏振光在由较大粒径组成的浑浊介质中传播时会发生偏振记忆效应. 该效应与介质的光学特性有着密切的关系, 利用圆正交偏振光在浑浊介质中的传播可以得到低散射介质的高对比度图像, 但该效应对于高散射介质则不起作用, 同时不能改善所得图像的分辨率.

2007 年, 纽约市立大学城市学院的 Xiao Hui Ni、S. A. Kartazayeva 和 Wu Bao Wang 等 [289] 通过实验和辐射传输方程的累积解研究了圆偏振光的后向散射特性, 推导出了空间光波分布函数的准确表达式. 实验和理论表明: 入射圆偏振光在经过较大粒子的后向散射中仍然保持螺旋特性, 而经过嵌入在浑浊液体中的散射后其螺旋特性会变为相反方向. 偏振记忆效应图像充分利用了这两种特性的差异, 因而通过挑选出圆正交偏振光可以明显增强图像的对比度. 实验证明: 利用该方法可以得到较大粒径的聚苯乙烯悬浮液中目标的高质量图像.

2011 年, 美国迈阿密大学的 Kenneth J. Voss、Arthur C. R. Gleason 和 Howard R. Gordon 等 [290] 第一次测量了自然水体中上涌光波场中的非主平面上的中性点 (Stokes 参数中的 Q, U, V 均为零的点, 即偏振度为零), 这些中性点位于 $40° \sim 80°$ 最低角处, 相对于太阳其方位角为 $120° \sim 160°$, 远离了主平面. 计算表明: 这些中性点对于在处于部分偏振的天空散射光和完全非偏振的太阳光之间的入射光的平衡位置非常敏感.

2011 年, 以色列理工学院的 Yoav Y. Schechner 和加州理工学院的 David J. Diner[291] 提出了用于恢复星载水体深度分布, 描述水体和大气的光学特性及海底非散射特性的概念和理论. 采用了多角度几何和偏振探测, 使用轨道平台捕获了水体表面向下的光场, 该光场的偏振特性对水体和大气特征十分敏感. 利用深水后向散射的自然特性, 使用所获得数据来倒置图像处理过程, 容易获得水体深度分布的恢复.

而在国内, 2003 年, 中科院安徽光机所的仇英辉、刘建国和魏庆农等 [292] 在不同浓度下, 对浑浊介质有无目标时的后向散射 Mueller 矩阵进行了研究. 研究结果表明: 当平均自由程 $n < 3.5$ 时, 浑浊介质在有无目标时, 其所对应的后向散射 Mueller 矩阵主对角线元素有一定的差异. 因而我们可以利用上述规律来对浑浊介质中的目标进行识别. 当平均自由程 $n \geqslant 3.5$ 时, 该方法失效. 利用该原理对浑浊介质中的目标进行识别有一定的局限性, 这是由于在进行目标探测前, 需要不含目标的浑浊介质进行对比, 实现起来比较困难.

1.4 偏振探测与偏振特性应用: 以空间目标为例

1.4.1 空间目标偏振探测

随着偏振探测技术的迅猛发展, 将偏振感知的新兴技术与空间目标探测与识别的重大需求相结合, 采用偏振探测的手段对航天器、空间碎片等空间目标进行监测与识别已经引起了研究者们的强烈兴趣. 已有研究者对空间目标进行了一些偏振观测试验, 并对空间目标的偏振特性进行了理论和仿真研究, 结果显示偏振探测手段能够扩展空间目标光学探测的信息维度和信息量, 并在增强探测能力、减少大气效应、反演目标材料等方面体现出显著的优势, 将会成为未来空间目标光学探测的重要手段之一.

1. 国外方面

早在 20 世纪 60 年代, 人们就意识到偏振探测技术能够应用于增强目标探测识别的能力, 因此研究者们开始尝试观测卫星等人造空间目标的偏振特性并与其强度特性进行比较. 由于太阳光和天空背景的偏振度等偏振特征很弱, 而经过空间目标反射往往会产生强烈的偏振特征, 因此利用偏振观测能够使天空背景 "强光弱化", 提高空间目标与背景的对比度, 从而提高目标的发现能力. 1967 年, 美国赖特-帕特森空军基地的 Stead 在 Sulphur Grove 观测站首次对空间目标的偏振特征进行观测, 通过加装偏振分析器的光电望远镜测量到一颗卫星的偏振度最大达 39%, 但由于设备水平的限制, 观测者只能给出偏振度而无法分辨出卫星目标 [168]. Sanchez 等观测发现卫星目标的偏振特性与光辐射特征明显不同, 偏振度在午夜光度信号强的时候约为 10%, 而到黎明光度信号弱的时候甚至能达到 40%, 即使有卷云存在的情况下也能探测到 [169].

随着偏振光学的发展, 空间目标偏振探测的研究从简单观测深入到通过偏振特征对空间目标材料进行分析. Kissel 等通过观测发现空间目标光变曲线中的镜面闪烁显示出很强的偏振特性, 与理论计算的反射偏振态结果一致, 说明偏振特性可以用于研究空间目标材料特性, 但是受偏振光学相关理论发展不足的影响, 该阶段的研究仅仅停留在简单观测的水平 [170]. 为了研究卫星材料在太空环境中受到的影响, 美国在 1989 年开始了对低轨和高轨目标进行偏振观测的项目, Tapia 等在项目进展报告中给出了三颗同步地球轨道 (GEO) 卫星 (COMSTAR D4、ANIK C2 和 SBS E) 的偏振观测结果, 通过偏振度与理论模型的对比推算出表面的复折射率值[171]. Beavers 等对铝质球形卫星 LCS-1 长期在轨过程的偏振特征进行了观测[172], 通过观测到的偏振数据对卫星铝质材料和太阳能板的复折射率进行计算, 复折射率值的变化说明卫星表面状态在太空环境中确实发生了变化, 失去了其金属的性质, 这说明目标偏振特征信息可以用于测试空间目标材料变化、判断在轨目标状态, Beavers 等还通过测量一块快速翻滚的空间碎片的偏振特征推算确定其为一块塑料罩板材料.

大气效应是空间目标光学探测的主要误差来源, 由于偏振度等光的偏振特征在大气、云雾等浑浊介质的穿透能力很强[173], 许多研究者都提出偏振探测能够用于减少空间目标成像时大气效应的影响, 提高空间目标成像清晰度和细节成像能力[174-177]. 2004 年 Tippets 对国际空间站 ISS 进行的偏振成像是首次对人造地球轨道卫星进行的偏振成像观测[178], 如图 1-15 所示, ISS 目标能够持续地体现出显著的偏振特征, 强度图像 (S_0) 无法看清目标边缘, 而偏振图像 (S_1、S_2、LP) 能够清晰地显示目标两个部分的轮廓, 说明强度成像受大气效应影响明显而导致成像模糊, 但是偏振成像的效果受其影响较小.

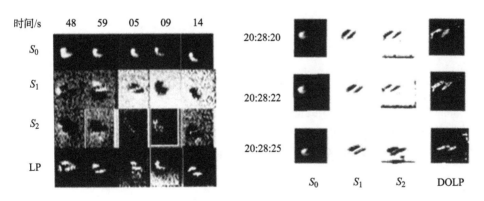

图 1-15　Tippets 对 ISS 两次偏振成像的观测结果

对距离远、体积小的无法成像的空间点目标, 利用非成像手段测量其偏振特征, 可以研究空间目标的整体特征的时变规律, 并根据目标偏振所独有的 "特征标志" 对空间目标进行分类识别. 2001 年 Sanchez 等在星火靶场用 3.5m 口径望远镜观测获取了 5 颗 GEO 卫星 (AMSC 1、DBS 3、AnikE 1、AnikE 2、Gstar 4) 的偏振度信息[169], 发现不同的卫星目标具有不同的偏振特征. 2014 年美国空军学院用 20ft (1ft = 3.048 × 10⁻¹m) 口径的移动式望远探测了 5 颗 GEO 卫星 (Directv-4S、Directv-9S、SES-1、Directv-12、AMC-18) 的正交偏振特征, 这 5 颗 GEO 卫星目标的 S_1 数据体现出不同的时变规律, 如图 1-16 所示, 说明偏振特征具有对远距离目标进行分类识别的潜力 [179].

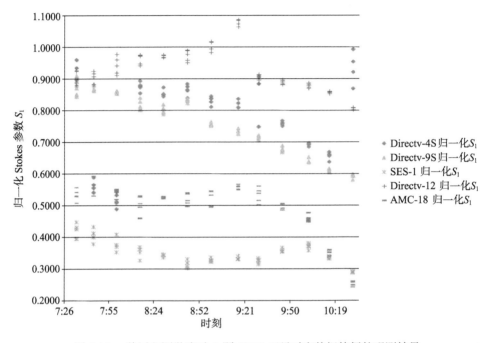

图 1-16　美国空军学院对 5 颗 GEO 卫星时变偏振特征的观测结果

目前美国军方依然十分重视空间目标偏振探测的研究, 并表示要利用空间目标偏振特征的敏感性, 研究偏振探测技术扩展成像信息量 [180], 而且计划继续开展基于地基固定观测系统和车载移动观测系统的偏振探测工作 [181].

2. 国内方面

国内对空间目标偏振观测开展得较晚, 文献报道中仅有一次对空间目标的偏振观测试验. 2011 年中科院安徽光机所和国家天文台用 1m 望远镜结合偏振装置对空间目标的偏振特性进行观测 [182], 结果显示空间目标有其自身的偏振特性变化规律, 偏振度由午夜时的 5% 增加到黎明前的 23.8%, 其中太阳能电池板姿态对卫星的偏振特性影响尤为明显, 验证了偏振观测作为空间目标探测与识别新方法的有效性.

对国内外空间目标偏振观测的信息进行了总结, 如表 1-2 所示.

表 1-2 国内外空间目标偏振观测情况总结

年份	地点	单位	目标	设备	谱段
1967	Sulphur Grove	美国赖特-帕特森空军基地	Able 二级火箭-#893	24ft 卡塞格林望远镜	—
1974	—	美国空军	—	—	—
1990	Arizona 大学	美国空军, 麻省理工学院	LCS-1 等 6 颗卫星	1.54m 和 2.28m 望远镜	$310 \sim 900$nm
1991	—	美国空军, 麻省理工学院	LCS-1 和 1 块空间碎片	—	—
2000	星火靶场	Kirtlad 空军基地, 新墨西哥大学, 波音公司	AMSC-1 等 5 颗 GEO 卫星	3.5m 望远镜	527nm
2004	Colorado Springs	辛辛那提大学	国际空间站 ISS	317.5mm 卡塞格林望远镜	$400 \sim 1000$nm
2011	国家天文台	国家天文台, 中科院安徽光机所	1 颗 GEO 卫星	1m 反射式望远镜	$600 \sim 800$nm
2013	—	Denver 大学, 美国空军学院	Directv-4S 等 5 颗 GEO 卫星	20ft Ritchey-Chretien 望远镜	—

1.4.2 空间目标偏振特性

要实现空间目标偏振探测与识别, 就必须掌握其偏振特性规律, 其重要意义主要体现在以下两个方面: 首先, 空间目标偏振特性是空间目标偏振探测与识别的基础. 当空间目标光学偏振观测设备通过地基或天基方式获取了空间目标的偏振信息之后, 需要从获取的数据之中分析空间目标的有效特征, 实现空间目标的识别、跟踪和预警等功能, 要依靠目标偏振特性的分析与应用. 此外, 空间目标偏振特性是空间目标监视系统建设与运用的需要. 在论证阶段, 空间目标偏振监视系统的结构、功能、战技指标与能力的论证分析依赖于目标偏振特性数据; 在设计研制阶段, 需要利用目标偏振特性数据来测试和检验系统性能, 修改完善系统设计; 在试验应用阶段, 实现对空间目标的准确探测与识别, 就必须全面掌握空间目标在特定时刻的偏振特性信息. 因此, 开展空间目标偏振特性研究对于推动空间目标偏振监视装备的建设和运用具有重要意义. 因此, 近年来空间目标偏振特性也开始受到研究者们的关注.

1. 国外研究现状

1) 偏振特性实验测量

对材料的偏振特性进行实验测量是掌握空间目标偏振特性最直接的手段, 许多研究者通过实验测量获取了典型空间目标材料在各个角度条件的偏振特征, 来分析实际在轨空间目标的偏振特征规律与目标材料组成和角度姿态之间的关系.

麻省理工学院的 Tapia 等对太阳能帆板和铝两种卫星表面的偏振度曲线数据进行了测量和比较, 结果显示卫星的偏振反射特性主要由太阳能帆板决定, 其反射偏振度处于金属与电介质之间, 这与对硅衬底的五氧化钽抗反射涂层进行光学计算模拟的结果相一致 [171]. Stryjewski 等以低地球轨道 (LEO) 卫星和空间碎片为目标, 对金、铝、BK7 玻璃、非晶硅、聚四氟乙烯白板、聚酯薄膜等多种空间目标材料的偏振特性进行了测试 [176]. TASAT(高等跟踪时域分析仿真) 是美国军方用来模拟光电跟踪与成像的仿真系统方法, 它通过理论模型模拟目标材料的反射特性来仿真每一个目标像素的强度响应. 针对空间目标偏振探测的需求, TASAT 在偏振反射特性方面进行了扩展. Bowers 等针对 TASAT 中 BRDF 数据波段信息少, 以及光谱插值准确性的不足, 对太阳能电池、(聚酰亚胺)Kapton、OCULUS-ASR 卫星的铝样片等典型卫星结构材料的宽谱段偏振 BRDF 数据进行了高光谱分辨率的测量, 并将结果应用于 TASAT 被动光谱偏振反射的计算 [183].

2) 偏振特征模拟仿真

美国军方提出在空间目标仿真场景生成系统中加入偏振特性, 形成更完整、更复杂的仿真系统. 1997 年 Bush 等将 TASAT 应用于主动照明条件下的远场偏振散射特性仿真, 通过控制入射偏振态计算得到 Mueller 矩阵等目标的主动偏振属性, 他们还将 Stokes 概率密度函数 (PDF) 的时域和空域分析用于不同姿态和观测角度下的 SEASAT 卫星和 DELTA-STAR 卫星偏振特性仿真, 结果说明主动偏振探测能够比传统的被动探测方法得到更多的目标特征信息, 足以识别卫星的类别, 形成增强空间目标分类识别能力的新的有效工具 [184]. 2002 年 Bush 等使用 TASAT 研究了卫星在主动和被动照明条件下的偏振特征 [185], 如图 1-17 所示. 仿真结果显示 GEO 卫星被动成像的 DOLP 从正午的 1% ~ 3% 逐渐增大到傍晚的 3% ~ 5% (527 nm) 和 5% ~ 15% (1054 nm), 且卫星的偏振特性主要由太阳能帆板决定, 并提出利用 Mueller 矩阵分解获取材料信息 [186], 增强目标识别能力.

Pesses 等为了考察 (长波红外)LWIR 条件下偏振成像潜在的应用前景, 使用三维 LMIR 光谱偏振特性仿真模型 Polar Heat 对一颗全球定位系统 (GPS) 卫星的偏振成像效果进行了仿真 [187], 通过 CAD 用超过 10000 个微平面建立卫星结构, 分别对卫星反射光的 S_0、DOLP、S_0/S_1 的成像仿真效果进行了对比, 如图 1-18 所示. 结果显示 DOLP 图像能够最明显地体现卫星目标的对比度, 并能在侦察任务中得到更多可供分析的信息.

通过地基光学观测识别空间目标需要高分辨率的大口径成像系统和复杂的图

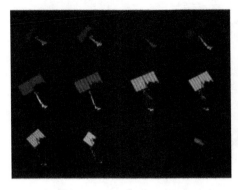
(a)DMSP 卫星 Stokes 矢量成像仿真结果

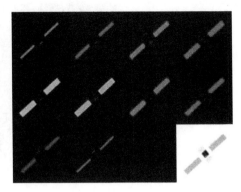
(b) 一颗 GEO 卫星的 DOLP 成像仿真结果

图 1-17　Bush 等对两颗卫星进行偏振成像仿真的结果

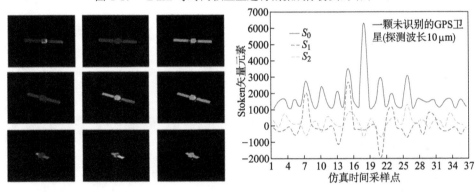
(a) 目标 LWIR 偏振成像结果　　　　　　(b) 目标时变偏振特征曲线

图 1-18　Pesses 等对一颗 GPS 卫星目标的偏振特性仿真结果

像处理算法来减弱大气效应影响, 获取高分辨率目标图像, 而特定空间目标的偏振特征规律是唯一的, 可视作其独有特征, 这样不用高分辨率图像就可对特定目标进行辨识, 因此偏振信息极有可能成为空间目标识别的"特征标志". Pesses 等在对低轨和同步轨道的小目标进行探测仿真时发现, 即使目标结构无法分辨, 但是目标整体的"时变偏振特征"在目标识别的分析过程中比高光谱特性更有效用[187].

3) 弹头目标偏振探测

此外, Pesses 等还将 Polar Heat 应用于弹道导弹防御系统, 通过偏振特征的仿真发现再入飞行器的 DOLP 值是铝涂层的气球诱饵的 2 ~ 4 倍, 如图 1-19 所示, 说明偏振信息能够为真假弹头目标的辨识提供有效的判别依据 [187].

Erbach 等利用红石兵工厂航空导弹防御研究中心的分孔径 MWIR(中波红外) 偏振成像仪和微镜阵列投影系统 MAPS, 研发了偏振场景生成系统 PSG, 对高温铁质导弹弹头的偏振特征进行了仿真和分析 [188], 如图 1-20 所示.

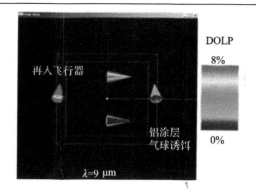

图 1-19　再入弹头目标和气球诱饵的 DOLP 仿真结果 (彩图见封底二维码)

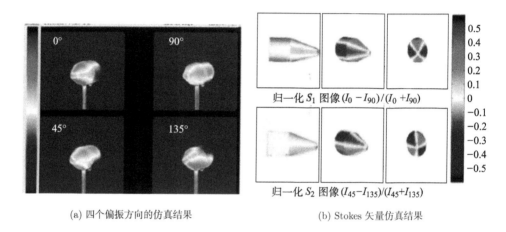

(a) 四个偏振方向的仿真结果　　　　　　　(b) Stokes 矢量仿真结果

图 1-20　Erbach 等对弹头目标的偏振特性仿真结果 (彩图见封底二维码)

4) 空间目标偏振信息处理

2009 年 Stryjewski 等提出偏振激光脉冲 PPR(pulse polarization ranging) 方法 [177], 发射周期约为 100ps 的短脉冲偏振光被目标反射, 测量目标反射光的两个物理量: 由目标纵深分布造成的脉冲伸展, 以及目标的偏振特征. PPR 方法将脉冲光在目标轮廓描述方面与偏振信息在材料信息获取、减小大气影响方面的优势相结合, 来估计目标的形貌、方向和材质, 获取尽可能多的目标信息. 用 Ashikhmin 微面元反射理论和 Blinn-Phong 分布模型来描述目标偏振反射特性, 对哈勃望远镜 (HST) 的 PPR 偏振探测效果进行了仿真. PPR 方法能够估计目标的材料组成和表面损伤, 能够显著提高单纯的脉冲探测获取的信息量. Tyler 等为了量化 PPR 方法的作用以及分辨不同目标参数的能力, 通过信息学中的香农定理确定逆向算法 [189], 他们提出该技术的完善还需要确定观测望远镜的最佳口径及最佳的脉冲时间.

2010 年 Stryjewski 等还提出定义 Mueller 矩阵中的 M_{10} 与 M_{00} 之比为衰减系数 Q, 并测量了六种卫星材料在不同角度、不同波长处的 Q 值, 发现特定材料的 Q 值具有其固有特征 [176], 对 Agena 和 HST 两种空间目标在 RGB 三种波长下的 Q 值进行了仿真计算, 值得注意的是, Agena 和 HST 在 Q-RGB 空间中的数据点互不重叠, 而且同种目标的 Q 点位置准确共面, 如果特定目标 Q-RGB 空间数据点的共面特性得到验证, 那么偏振特征将会使空间目标实时识别认证、卫星状态监测的能力得到极大的提升.

2. 国内研究现状

1) 偏振特性的实验测量

国内方面, 目前对空间目标偏振特性的研究仍处于起步阶段. 2010 年中科院安徽光机所的李雅男等对国外空间目标偏振特性的研究情况进行了介绍, 实验测量了镀铝聚酯薄膜、铝板和太阳能电池板的多角度偏振特性, 对卫星缩比模型进行了偏振特征测量, 结果显示太阳能电池板的偏振特性显著, 而且不同目标在相同轨道的偏振特性是不同的, 说明偏振探测可以提供空间目标探测识别的有用信息[190]. 2011 年南京理工大学的徐实学对卫星材料的偏振特性数据进行了实验测量和分析, 对不同飞行姿态和探测环境的空间目标偏振特性进行了讨论 [191].

2) 空间目标偏振特性分析

在空间目标偏振特性分析方面, 国内的研究只是停留在基于典型材料实验测量基础上的简单讨论, 尚未开展空间目标偏振成像仿真研究以及偏振特征分析处理和探测方法的研究.

1.5 小　　结

光的偏振现象就是光的矢量性质的表现. 由于偏振是独立于强度、光谱的特征维度, 因此探测目标反射光的偏振特征, 能够得到不同于强度、光谱的信息, 使获取的目标光学信息量和信息维度得到扩展. 经过多年研究发展, 偏振探测技术被研究者们公认为具有凸显目标、穿透云雾、识别材质三大优势, 因此近年来世界许多国家开始在偏振探测领域开展研究, 偏振探测已成为光学探测中的研究热点. 与传统光学探测获取的强度特性信息和光谱特性信息不同, 目标材料表面反射光偏振特性信息能够体现材料的理化特性, 从而提高复杂环境下目标和背景之间的对比度差异. 偏振探测在目标识别和信息提取方面有着传统光学探测方式所不具备的优势, 在很多领域都有重要应用, 有着广阔的发展前景.

经过 40 余年发展, 目前已发展出 6 种类型的偏振成像仪, 分别是机械旋转偏振光学元件型、分振幅型、液晶可调相位延迟器型、分孔径型、分焦平面型和通道调制型的偏振成像仪.

开展典型目标材料偏振反射特性建模及偏振反射特性规律研究对于目标探测识别具有重要意义. 偏振反射特性建模可以用于描述目标偏振反射特征的空间分布, 是研究目标偏振反射特性的基础和关键. pBRDF 模型在目标探测识别等方面体现出重要的应用价值, 而 pBRDF 模型的研究开展得比较少, 发展也较缓慢.

自 20 世纪 60 年代起, 国内外研究者开始了偏振探测和物体表面反射偏振谱的研究, 在地物分类与识别、污染检测、气溶胶和云探测等方面取得了一系列成果.

以空间目标为例分析说明了偏振探测的研究发展现状和作用效果, 美国等发达国家在空间目标偏振观测和偏振特性研究方面取得了一系列成果, 结果显示偏振探测手段能够扩展空间目标光学探测的信息维度和信息量, 并在增强探测能力、减少大气效应、反演目标材料等方面体现出显著的优势, 将会成为未来空间目标光学探测的重要手段之一.

第 2 章　现有典型偏振反射特性模型

2.1　BRDF 模型

2.1.1　BRDF 数学表述

BRDF 表示物体表面反射的基本光学特性, 描述了某一入射方向的光波经物体表面反射后, 其反射能量在上半球空间的分布情况. BRDF 的概念最早是由 Nicodemus[114] 在 20 世纪 70 年代提出的, 如图 2-1 所示, 下标 i 和 r 分别表示入射和反射, θ_i 和 ϕ_i 分别代表入射天顶角和方位角, θ_r 和 ϕ_r 分别代表反射天顶角和方位角, z 代表表面平均法线方向. BRDF 定义为沿着出射方向出射的辐射亮度 $\mathrm{d}L_r(\theta_i, \theta_r, \phi)$ 与沿着入射方向入射到被测表面的辐照度 $\mathrm{d}E_i(\theta_i, \phi_i)$ 之比:

$$f_r(\theta_i, \theta_r, \phi, \lambda) = \frac{\mathrm{d}L_r(\theta_i, \theta_r, \phi)}{\mathrm{d}E_i(\theta_i, \phi_i)} \tag{2-1}$$

式中, λ 为波长; $\phi = |\phi_r - \phi_i|$. 辐射亮度 L_r 定义为沿着辐射方向单位面积、单位立体角的辐射通量 $(\mathrm{W}/(\mathrm{m}^2 \cdot \mathrm{sr}))$, 辐照度 E_i 定义为单位面积的辐射通量 $(\mathrm{W}/\mathrm{m}^2)$, 所以 BRDF 的单位为 sr^{-1}.

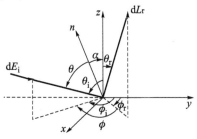

图 2-1　BRDF 的几何表示

由于 BRDF 测量具有复杂性, 因此人们希望通过建立数学模型的方法来描述 BRDF 的性质, 对反射的物理原理和现象进行分析, 尽量减少实验测量来推算预测目标表面的 BRDF 特性, 用数学模型来表征目标反射光的空间分布情况, 根据建模思路的不同, BRDF 模型可以分为分析模型和经验模型两大类.

2.1.2　Torrance-Sparrow 模型

最典型的几何光学模型是 1966 年 K. E. Torrance 和 E. M. Sparrow 基于粗糙表面反射提出的 Torrance-Sparrow 模型 (以下简称 T-S 模型).T-S 模型由于其清晰而合理的物理思想以及对粗糙表面良好的模拟精度而得到了广泛的研究和应用, 至今仍是许多主流图像仿真系统中反射模型的基础.

T-S 模型用微面元理论描述目标表面的微观结构, 认为目标表面是由大量微小的、起伏方向随机分布的理想平面组成的, 如图 2-2 所示.

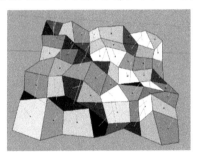

图 2-2　表面微面元理论示意图

T-S 模型认为表面反射作用是由微面元的镜面反射及散射作用形成的漫反射组成的, 模型能够准确地模拟反射峰值方向略大于镜面反射角的非镜面反射峰现象, 如图 2-3 所示, 同时也考虑了相邻微面元之间遮蔽和阴影效应造成的反射光能量衰减.

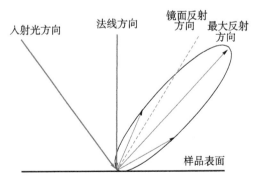

图 2-3　非镜面反射峰示意图

T-S 模型在计算镜面反射时认为光与微面元的作用遵循反射定律, 并假设微面元的方向是随机分布的, 微面元的法向与表面宏观法向分布的夹角分布 $p(\alpha)$ 为高斯分布, α 为宏观表面法线与发生镜面反射微面元法线的夹角, 如图 2-4 所示.

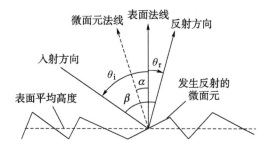

图 2-4   T-S 模型微面元镜面反射示意图

$$p(\alpha) = \frac{1}{2\pi\sigma^2 \cos^3\alpha} \exp\left(\frac{-\tan^2\alpha}{2\sigma^2}\right) \tag{2-2}$$

$$\alpha = \frac{|\theta_i - \theta_r|}{2} \tag{2-3}$$

式中, 角度之间满足以下关系:

$$\cos\alpha = \frac{\cos\theta_i + \cos\theta_r}{2\cos\beta} \tag{2-4}$$

$$\cos(2\beta) = \cos\theta_i \cos\theta_r + \sin\theta_i \sin\theta_r \cos(\theta_i - \theta_r) \tag{2-5}$$

T-S 模型将反射过程分为镜面反射和漫反射两部分:

$$dL_r = dL_{r,s} + dL_{r,d} \tag{2-6}$$

式中, $L_{r,s}$ 和 $L_{r,d}$ 分别代表镜面反射光亮度和漫反射光亮度.

$$dL_{r,d} = a \cdot L_i \cos\theta_i \tag{2-7}$$

其中, a 为漫反射系数; L_i 为入射光的辐亮度. 由 BRDF 定义式得漫反射分量 f_d 为

$$f_d = a \tag{2-8}$$

考虑微面元上反射作用的各种因素, 可得镜面反射光亮度为

$$L_{r,s} = \frac{A_f \cdot L_i \cdot d\omega_i \cdot G \cdot F \cdot P}{4\cos\theta_r} \tag{2-9}$$

$$G(\theta_i, \theta_r, \varphi) = \min\left(1; \frac{2\cos\alpha\cos\theta_r}{\cos\beta}; \frac{2\cos\alpha\cos\theta_i}{\cos\beta}\right) \tag{2-10}$$

式中, A_f 为表面单位面积上的微面元面积; L_i 为入射光的辐亮度; $\mathrm{d}\omega_i$ 为入射单位立体角; G 为几何衰减因子. 如式 (2-11) 所示, F 为菲涅耳反射率, P 为微面元法向分布函数, 可得 BRDF 中镜面反射分量为

$$f_s = \frac{F \cdot A_f \cdot G \cdot P}{4\cos\theta_i \cos\theta_r} \tag{2-11}$$

综上, T-S 模型的 BRDF 表达式为

$$f = f_s + f_d = \frac{F \cdot A_f \cdot G \cdot P}{4\cos\theta_i \cos\theta_r} + a = \frac{1}{2\pi}\frac{1}{4\sigma^2}\frac{1}{\cos^4\alpha}\frac{\exp\left(-\dfrac{\tan^2\alpha}{2\sigma^2}\right)}{\cos\theta_r \cos\theta_i}F(\beta) + a \tag{2-12}$$

在 T-S 模型中, 需要已知三个参数: 表面粗糙度 σ、折射率 n 和漫反射系数 a. 其中, n 由目标材料决定, a 通过实验测量确定, 表面粗糙度 σ(有时亦写作 R_a) 定义为表面轮廓的算术平均差, 如式 (2-13) 所示, 即在一个取样长度 l 内, 表面轮廓上的点到基准线的距离 $z(x)$ 绝对值的算术平均值, 也称为轮廓算术平均偏差, 如图 2-5 所示.

$$\sigma = \frac{1}{l}\int_0^l |z(x)|\,\mathrm{d}x \approx \frac{1}{n}\sum_{i=1}^n |z_i| \tag{2-13}$$

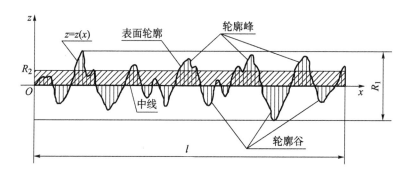

图 2-5　表面粗糙度定义示意图

2.1.3　Beard-Maxwell 模型

最典型的 BRDF 经验模型是 1973 年 J. Beard 和 J. P. Maxwell 等在美国空军航空电子实验室技术报告中提出的 Beard-Maxwell 模型 (以下简称 B-M 模型).

B-M 模型对 BRDF 的镜面反射部分和散射部分分别进行考虑, 只是 B-M 模型将这两部分称为表面分量和体分量.

对于表面分量, B-M 模型在考虑微面元的单次反射时, 通过置于相同位置的光源和探测器测量系统 (ZBS) 确定微面元的方向分布, 用经验方法代替了 T-S 模型中的高斯分布来描述微面元的方向概率分布. 微面元方向概率分布表达式为

$$f_{\mathrm{ZBS}}(\theta_N) = \frac{R_F(0) \cdot \varXi(\theta_N, \phi_N)}{4\cos\theta_i \cos\theta_r} \tag{2-14}$$

为了体现遮蔽和阴影效应对反射光分布的影响, B-M 模型引入了一个含有自由参量的函数 SO, 模型中的参数无明确的物理意义, 都是由实验测量确定.

$$\mathrm{SO}(\tau, \varOmega) = \frac{1 + \dfrac{\theta_N}{\varOmega}\mathrm{e}^{-2\beta/\tau}}{1 + \dfrac{\theta_N}{\varOmega}} \left(\frac{1}{1 + \dfrac{\phi_N}{\varOmega}\dfrac{\theta_i}{\varOmega}} \right) \tag{2-15}$$

表面分量 BRDF 表达式为

$$f_{\mathrm{surf}}(\theta_i, \phi_i; \theta_r, \phi_r) = \frac{R_F(\beta)}{R_F(0)} \frac{f_{\mathrm{ZBS}}(\theta_N)\cos^2\theta_N}{\cos\theta_i \cos\theta_r} \mathrm{SO}(\tau, \varOmega) \tag{2-16}$$

对于体分量, 由于在实验观测中光的散射分布与角度相关, 因此 B-M 模型将体分量看作是非朗伯的, 认为它体现的是光进入表面之后发生的面下散射. 在 B-M 模型假设中, 光能量在表面上不是完全通过反射传递, 介质的吸收率也没有明确的数值, 而是由基于实验数据的自由参量来确定, 这样的处理使模型参数能够灵活地应用于各种情况. 体分量表达式为

$$f_{\mathrm{vol}} = \frac{2\rho_v f(\beta) g(\theta_N)}{\cos\theta_i + \cos\theta_r} \tag{2-17}$$

综合上面的表面分量和体分量, B-M 模型的 BRDF 表达式 f_r 为

$$
\begin{aligned}
f_r(\theta_i, \phi_i; \theta_r, \phi_r) =& f_{\mathrm{surf}} + f_{\mathrm{vol}} \\
=& \frac{R_F(\beta)}{R_F(0)} \frac{f_{\mathrm{ZBS}}(\theta_N)\cos^2\theta_N}{\cos\theta_i \cos\theta_r} \mathrm{SO}(\tau, \varOmega) + \frac{2\rho_v f(\beta) g(\theta_N)}{\cos\theta_i + \cos\theta_r}
\end{aligned} \tag{2-18}
$$

2.1.4 Beckmann-Kirchhoff 模型

最典型的物理光学模型是 Beckmann-Kirchhoff 模型 (以下简称 B-K 模型). B-K 模型用表面轮廓高度 h 和表面轮廓高度均方根 σ_h 两个参数来描述目标表面形貌, 令 $\langle h \rangle = 0$, h 的分布函数为

$$p(h) = \frac{1}{\sqrt{2\pi}\sigma_h}\mathrm{e}^{-\frac{h^2}{2\sigma_h^2}} \tag{2-19}$$

B-K 模型的参数设定如图 2-6 所示.

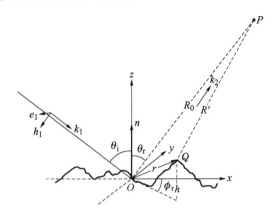

图 2-6　B-K 模型的参数设定

设

$$\boldsymbol{r} = x\boldsymbol{x} + y\boldsymbol{y} + z\boldsymbol{z} \tag{2-20}$$

表面上 Q 点的平面波入射电场矢量 $\boldsymbol{E}$ 为

$$\boldsymbol{E} = E_{01}\boldsymbol{e}_1 \mathrm{e}^{-\mathrm{i}\boldsymbol{k}_1 \cdot \boldsymbol{r}} \mathrm{e}^{\mathrm{i}\omega t} \tag{2-21}$$

Q 点处的表面电场 $(E)_s$ 满足波动方程:

$$\Delta^2 (E)_s + k^2 (E)_s = 0 \tag{2-22}$$

表面电场及其一阶导数满足 Green 积分方程:

$$E_2(p) = \frac{1}{4\pi} \iint \left[(E)_s \frac{\partial \psi}{\partial n} - \psi \left(\frac{\partial E}{\partial n} \right)_s \right] \mathrm{d}S \tag{2-23}$$

式中, $\psi = \dfrac{\mathrm{e}^{\mathrm{i}kR'}}{R'}$. 为求解式 (2-23), 须求得 $(E)_s$ 和 $\left(\dfrac{\partial E}{\partial n} \right)_s$. 根据 Kirchhoff 假设中的切平面近似, 表面某点处的场等于该点切平面的场, $\boldsymbol{n}'$ 为某点切平面法向单位矢量, F 为菲涅耳系数, 则

$$(E)_s = (1 + F)E_1 \tag{2-24}$$

$$\left(\frac{\partial E}{\partial n} \right)_s = (1 - F)E_1 \boldsymbol{k}_1 \cdot \boldsymbol{n}' \tag{2-25}$$

两个正交方向上的菲涅耳系数表达式为

$$F_{//} = \frac{Y^2 \cos \theta_i' - \sqrt{Y^2 - \sin^2 \theta_i'}}{Y^2 \cos \theta_i' + \sqrt{Y^2 - \sin^2 \theta_i'}} \tag{2-26}$$

$$F_{\perp} = \frac{\cos \theta_i' - \sqrt{Y^2 - \sin^2 \theta_i'}}{\cos \theta_i' + \sqrt{Y^2 - \sin^2 \theta_i'}} \tag{2-27}$$

式中, Y 为材料归一化导纳, 对于导体 $Y \to \infty$, 对于介质 $Y \to 0$. 设 P 点满足远场条件, 则有

$$kR' = kR_0 - \boldsymbol{k}_2 \cdot \boldsymbol{r} \tag{2-28}$$

将式 (2-24)、式 (2-25) 和式 (2-28) 代入式 (2-23), 得

$$E_2(p) = \frac{E_{01} \mathrm{i} k \mathrm{e}^{\mathrm{i}kR_0}}{4\pi R_0} \int_{-X}^{X} \int_{-Y}^{Y} \left(ah_x' + ch_y' - b\right) \mathrm{e}^{\mathrm{i}\boldsymbol{v} \cdot \boldsymbol{r}} \mathrm{d}x \mathrm{d}y \tag{2-29}$$

式中, X、Y 为入射光照射范围; 照射面积 $A = 4XY$; 矢量 $\boldsymbol{v}$ 表达式为

$$\begin{aligned} \boldsymbol{v} =& \boldsymbol{k}_1 - \boldsymbol{k}_2 = (v_x, v_y, v_z) \\ =& k \left(\sin \theta_i - \sin \theta_r \cos \phi_r\right) \boldsymbol{x} + k \left(\sin \theta_r \sin \phi_r\right) \boldsymbol{y} - k \left(\cos \theta_i + \cos \theta_r\right) \boldsymbol{z} \end{aligned} \tag{2-30}$$

标量参数为

$$a =(1 - F) \sin \theta_i + (1 + F) \sin \theta_r \cos \phi_r \tag{2-31}$$
$$b =(1 + F) \cos \theta_r - (1 - F) \cos \theta_i \tag{2-32}$$
$$c =- (1 + F) \sin \theta_r \sin \phi_r \tag{2-33}$$

h_x'、h_y' 分别表示 $h(x, y)$ 在 x 和 y 方向上的导数, 即

$$h_x' = \frac{\partial h(x, y)}{\partial x}, \quad h_y' = \frac{\partial h(x, y)}{\partial y} \tag{2-34}$$

设材料为理想导体: $Y \to \infty$, $F_{//} = 1$, $F_{\perp} = -1$. 平均散射功率表示为

$$\langle E_2 E_2^* \rangle = \langle |E_2|^2 \rangle \tag{2-35}$$
$$\langle E_2 E_2^* \rangle = \frac{E_{01}^2 A^2 \cos^2 \theta_i}{\lambda^2 R_0^2} \mathrm{e}^{-g} \cdot \left(\rho_0^2 + \frac{\pi T^2 D^2}{A} \sum_{m=1}^{\infty} \frac{g^m}{m! m} \mathrm{e}^{\frac{-v_{xy}^2 \cdot T^2}{4m}} \right) \tag{2-36}$$

式 (2-36) 即为 B-K 模型表达式, 式中

$$g = \left[2\pi\frac{\sigma_h}{\lambda}\left(\cos\theta_i + \cos\theta_r\right)\right]^2 \tag{2-37}$$

$$\rho_0 = \text{sinc}\left(v_x X\right)\text{sinc}\left(v_y Y\right) \tag{2-38}$$

$$D = \frac{1 + \cos\theta_i\cos\theta_r - \sin\theta_i\sin\theta_r\cos\phi_r}{\cos\theta_i\left(\cos\theta_i + \cos\theta_r\right)} \tag{2-39}$$

$$v_{xy} = \sqrt{v_x^2 + v_y^2} \tag{2-40}$$

参数 g 与光学粗糙度 σ_h/λ 成正比, 因此 g 可以表征表面的粗糙程度. $g \ll 1$ 时为光滑表面, $g \approx 1$ 时为一般粗糙表面, $g \gg 1$ 时为粗糙表面. 由式 (2-36) 能够看出, 散射能量为两部分之和: 第一项 $e^{-g}\rho_0^2$ 为镜面峰 (specular spike) 项, ρ_0 是随 θ_i 和 θ_r 急剧变化的函数, 在镜面反射角之外基本为零; 第二项为镜面瓣 (specular lobe) 项, 表示由粗糙表面形成的漫反射.

2.2   pBRDF 模型

2.2.1   pBRDF 数学表述

随着偏振测量技术的快速发展和广泛应用, 人们意识到目标表面的偏振反射特性能够反映目标材料属性和理化特性极具价值的信息, 开始重视对偏振反射特性的研究. 偏振反射特性模型的研究开展得比较晚, 直到 20 世纪末才有研究者提出 pBRDF 的概念.

1995 年, D. S. Flynn 和 C. Alexander 针对 BRDF 与光偏振态之间关系描述的不足, 将全偏振的表达方式引入 BRDF 之中, 提出了 pBRDF 的概念. pBRDF 定义为一个 4×4 矩阵, pBRDF 矩阵 f_{pBRDF} 与入射光偏振态 S^{in} 和反射光偏振态 S^{out} 的关系如下:

$$S^{\text{out}} = f_{\text{pBRDF}} \cdot S^{\text{in}} \tag{2-41}$$

$$\begin{pmatrix} S_0^{\text{out}} \\ S_1^{\text{out}} \\ S_2^{\text{out}} \\ S_3^{\text{out}} \end{pmatrix} = \begin{pmatrix} f_{00} & f_{01} & f_{02} & f_{03} \\ f_{10} & f_{11} & f_{12} & f_{13} \\ f_{20} & f_{21} & f_{22} & f_{23} \\ f_{30} & f_{31} & f_{32} & f_{33} \end{pmatrix} \begin{pmatrix} S_0^{\text{in}} \\ S_1^{\text{in}} \\ S_2^{\text{in}} \\ S_3^{\text{in}} \end{pmatrix} \tag{2-42}$$

可以看出, pBRDF 矩阵的形式与 Mueller 矩阵十分相近, 实际上, pBRDF 矩阵与 Mueller 矩阵的作用相似, 可以看作一个考虑了偏振方向坐标转换的反射过

程的 Stokes 矢量转换矩阵. 自 pBRDF 的概念提出以来, 许多研究者在 pBRDF 模型方面做了许多工作, 对目标偏振反射特性研究起到了重要的推动作用, 下面将对两种典型 pBRDF 模型进行介绍, 并对模型进行仿真分析.

2.2.2 Priest-Germer 模型

2000 年, 美国海军研究实验室的 R. G. Priest 和 T. A. Germer 建立了首个严格意义上的 pBRDF 模型——Priest-Germer 模型 (以下简称 P-G 模型). P-G 模型以 T-S 模型为基础进行扩展, 在计算偏振态时, 通过菲涅耳公式计算得到 Jones 矩阵, 再根据 Jones 矩阵与 Mueller 矩阵的对应关系得到反射过程的偏振态转化关系, 最后将表示入射光和反射光强度关系的 BRDF 表达式与表示偏振态关系的 Mueller 矩阵相结合, 从而获得完整的 pBRDF 模型表达式.

在计算偏振转化关系时, P-G 模型首先确定四个坐标系: ① 由 r_i 和 z 构成的坐标系; ② 由 r_i 和 n 构成的坐标系; ③ 由 r_r 和 n 构成的坐标系; ④ 由 r_r 和 z 构成的坐标系. 规定坐标系 ① 旋转 η_i 角度至坐标系 ②, 坐标系 ③ 旋转 η_r 角度至坐标系 ④, 则有以下关系:

$$\begin{pmatrix} E_s^r \\ E_p^r \end{pmatrix} = \begin{pmatrix} \cos\eta_r & \sin\eta_r \\ -\sin\eta_r & \cos\eta_r \end{pmatrix} \begin{pmatrix} a_{ss} & 0 \\ 0 & a_{pp} \end{pmatrix} \begin{pmatrix} \cos\eta_r & -\sin\eta_r \\ \sin\eta_r & \cos\eta_r \end{pmatrix} \begin{pmatrix} E_s^i \\ E_p^i \end{pmatrix}$$
$$= \begin{pmatrix} T_{ss} & T_{ps} \\ T_{sp} & T_{pp} \end{pmatrix} \begin{pmatrix} E_s^i \\ E_p^i \end{pmatrix} \tag{2-43}$$

坐标旋转角 η_i 和 η_r 可由下面的关系得到:

$$\cos\eta_i = \frac{\cos\theta_N - \cos\theta_i \cos\beta}{\sin\theta_i \sin\beta} \tag{2-44}$$

$$\cos\eta_r = \frac{\cos\theta_N - \cos\theta_r \cos\beta}{\sin\theta_r \sin\beta} \tag{2-45}$$

由此可以得到表面反射过程的 Jones 矩阵 T, 由于 Jones 矩阵元素 T_{ij} 和 Mueller 矩阵元素 M_{ij} 有如下对应关系:

$$M_{00} = \frac{1}{2}\left(|T_{ss}|^2 + |T_{sp}|^2 + |T_{ps}|^2 + |T_{pp}|^2\right) \tag{2-46}$$

$$M_{01} = \frac{1}{2}\left(|T_{ss}|^2 + |T_{sp}|^2 - |T_{ps}|^2 - |T_{pp}|^2\right) \tag{2-47}$$

$$M_{02} = \frac{1}{2}\left(T_{ss}T_{ps}^* + cc + T_{sp}T_{pp}^* + cc\right) \tag{2-48}$$

$$M_{03} = \frac{1}{2} \left[\mathrm{i} \left(T_{\mathrm{ss}} T_{\mathrm{ps}}^* - \mathrm{cc} \right) + \mathrm{i} \left(T_{\mathrm{sp}} T_{\mathrm{pp}}^* - \mathrm{cc} \right) \right] \tag{2-49}$$

$$M_{10} = \frac{1}{2} \left(|T_{\mathrm{ss}}|^2 - |T_{\mathrm{sp}}|^2 + |T_{\mathrm{ps}}|^2 - |T_{\mathrm{pp}}|^2 \right) \tag{2-50}$$

$$M_{11} = \frac{1}{2} \left(|T_{\mathrm{ss}}|^2 - |T_{\mathrm{sp}}|^2 - |T_{\mathrm{ps}}|^2 + |T_{\mathrm{pp}}|^2 \right) \tag{2-51}$$

$$M_{12} = \frac{1}{2} \left[\left(T_{\mathrm{ss}} T_{\mathrm{ps}}^* + \mathrm{cc} \right) - \left(T_{\mathrm{sp}} T_{\mathrm{pp}}^* + \mathrm{cc} \right) \right] \tag{2-52}$$

$$M_{13} = \frac{1}{2} \left[\mathrm{i} \left(T_{\mathrm{ps}} T_{\mathrm{ss}}^* - \mathrm{cc} \right) - \mathrm{i} \left(T_{\mathrm{pp}} T_{\mathrm{sp}}^* - \mathrm{cc} \right) \right] \tag{2-53}$$

$$M_{20} = \frac{1}{2} \left(T_{\mathrm{ss}} T_{\mathrm{sp}}^* + \mathrm{cc} + T_{\mathrm{ps}} T_{\mathrm{pp}}^* + \mathrm{cc} \right) \tag{2-54}$$

$$M_{21} = \frac{1}{2} \left[\left(T_{\mathrm{ss}} T_{\mathrm{sp}}^* + \mathrm{cc} \right) - \left(T_{\mathrm{ps}} T_{\mathrm{pp}}^* + \mathrm{cc} \right) \right] \tag{2-55}$$

$$M_{22} = \frac{1}{2} \left(T_{\mathrm{ss}} T_{\mathrm{pp}}^* + \mathrm{cc} + T_{\mathrm{ps}} T_{\mathrm{sp}}^* + \mathrm{cc} \right) \tag{2-56}$$

$$M_{23} = \frac{1}{2} \left[\mathrm{i} \left(T_{\mathrm{ps}} T_{\mathrm{sp}}^* - \mathrm{cc} \right) - \mathrm{i} \left(T_{\mathrm{ss}} T_{\mathrm{pp}}^* - \mathrm{cc} \right) \right] \tag{2-57}$$

$$M_{30} = \frac{1}{2} \left[\mathrm{i} \left(T_{\mathrm{ss}} T_{\mathrm{sp}}^* - \mathrm{cc} \right) + \mathrm{i} \left(T_{\mathrm{ps}} T_{\mathrm{pp}}^* - \mathrm{cc} \right) \right] \tag{2-58}$$

$$M_{31} = \frac{1}{2} \left[\mathrm{i} \left(T_{\mathrm{ss}} T_{\mathrm{sp}}^* - \mathrm{cc} \right) - \mathrm{i} \left(T_{\mathrm{ps}} T_{\mathrm{pp}}^* - \mathrm{cc} \right) \right] \tag{2-59}$$

$$M_{32} = \frac{1}{2} \left[\mathrm{i} \left(T_{\mathrm{ss}} T_{\mathrm{pp}}^* - \mathrm{cc} \right) + \mathrm{i} \left(T_{\mathrm{ps}} T_{\mathrm{sp}}^* - \mathrm{cc} \right) \right] \tag{2-60}$$

$$M_{33} = \frac{1}{2} \left[\left(T_{\mathrm{ss}} T_{\mathrm{pp}} + \mathrm{cc} \right) - \left(T_{\mathrm{ps}} T_{\mathrm{sp}}^* + \mathrm{cc} \right) \right] \tag{2-61}$$

通过以上关系可以计算得到反射过程的 16 个 Mueller 矩阵元素 M_{jk}，将标量 T-S BRDF 表达式中的菲涅耳反射率 F 替换成 Mueller 矩阵元素 M_{jk}，就可以得到全偏振形式的 pBRDF 矩阵表达式，pBRDF 矩阵元素 f_{jk} 表达式为

$$f_{jk} \left(\theta_{\mathrm{i}}, \theta_{\mathrm{r}}, \phi \right) = \frac{1}{2\pi} \frac{1}{4\sigma^2} \frac{1}{\cos^4 \theta_N} \frac{\exp \left(-\dfrac{\tan^2 \theta_N}{2\sigma^2} \right)}{\cos \theta_{\mathrm{r}} \cos \theta_{\mathrm{i}}} M_{jk} \left(\theta_{\mathrm{i}}, \theta_{\mathrm{r}}, \phi \right) \tag{2-62}$$

式 (2-62) 即为 P-G 模型表达式，P-G 模型的主要贡献在于建立起了反射过程中偏振态的转换关系，完成了偏振反射特性建模的关键一步，此后有一些研究者对 P-G 模型进行研究和修正，推动了 pBRDF 建模的研究. 但是 P-G 模型也存在着严重缺陷，它从菲涅耳公式出发考虑了镜面反射过程中的偏振效应，却没有提出漫反射过程中偏振效应的处理方法，而且 P-G 模型在计算中没有考虑相邻微面元的阴影和遮蔽效应对反射特性的影响，这样简单的处理在物理上存在严重的缺陷，必然造成模型存在不可忽视的模拟误差.

2.2.3 Hyde 模型

2009 年美国赖特-帕特森空军基地的 M. W. Hyde IV 等对 P-G 模型中存在的缺陷进行了改进, 建立了 Hyde pBRDF 模型. Hyde 模型对 P-G 模型的改进主要表现在两个方面: 一是引入了几何衰减因子 G 来描述微面元之间的阴影和遮蔽效应对反射光分布的影响, 有效减少了模型在大反射角条件下的模拟误差; 二是假定漫反射过程是完全消偏的, 并理论推导出了漫反射分量的数学表达式, 据此对 pBRDF 矩阵元素 f_{jk} 的表达式进行了修正. Hyde 模型相较于 P-G 模型在模型假设的物理合理性和模拟精度方面都有显著提升, 是迄今最为完整和准确的 pBRDF 模型.

Hyde 模型利用表面高度标准差 σ_h 和自相关长度 l 来描述表面几何特征, 在描述表面微观形貌特征方面, 这两个参数与粗糙度 σ 是等效的, σ_h 和 l 与粗糙度 σ 之间存在如下转化关系:

$$\sigma = \frac{\sqrt{2}\sigma_h}{l} \tag{2-63}$$

Hyde 模型认为表面微面元的法向分布函数 P 满足以下关系:

$$P\left(\alpha, \sigma_h, l\right) = \frac{l^2 \exp\left(-\dfrac{l^2 \tan^2 \alpha}{4\sigma_h^2}\right)}{4\pi\sigma_h^2 \cos^3 \alpha} \tag{2-64}$$

式中, α 为微面元法向与宏观法向的夹角. Hyde 模型中使用的几何衰减因子 G 是 Blinn 提出的分段函数形式的表达式:

$$G\left(\theta_i, \theta_r, \phi\right) = \min\left(1; \frac{2\cos\alpha\cos\theta_r}{\cos\beta}; \frac{2\cos\alpha\cos\theta_i}{\cos\beta}\right) \tag{2-65}$$

镜面反射分量的 BRDF 表达式有如下形式:

$$F^S\left(\theta_i, \theta_r, \phi; \sigma_h, l; \eta\right) = \frac{P\left(\alpha; \sigma_h, l\right) M\left(\beta; \eta\right) G\left(\theta_i, \theta_r, \phi\right)}{4\cos\theta_i \cos\theta_r \cos\alpha} \tag{2-66}$$

式中, η 为反射目标材料的复折射率. 与 P-G 模型相似, Hyde 模型的 pBRDF 矩阵元素 f_{jk}^s 的表达式也是 BRDF 镜面反射分量与 Mueller 矩阵元素相结合的形式:

$$f_{jk}^s\left(\theta_i, \theta_r, \phi; \sigma_h, l; \eta\right) = \frac{l^2 \exp\left(-\dfrac{l^2 \tan^2 \alpha}{4\sigma_h^2}\right)}{16\pi\sigma_h^2 \cos\theta_i \cos\theta_r \cos^4 \alpha} G\left(\theta_i, \theta_r, \phi\right) M_{jk}(\beta; \eta) \tag{2-67}$$

由于式 (2-67) 未考虑漫反射的偏振效应, 而漫反射分量会影响表示反射强度分布的 f_{00}, 因此式 (2-67) 适用于除 f_{00} 之外的 pBRDF 矩阵元素. Hyde 模型在推导漫反射分量表达式时, 假定反射过程中无吸收作用, 即入射光强度等于镜面反射分量与漫反射分量之和:

$$1 = \int_0^{2\pi} \int_0^{\pi/2} f_{00}^{\mathrm{s}} \cos\theta_{\mathrm{r}} \sin\theta_{\mathrm{r}} \mathrm{d}\theta_{\mathrm{r}} \mathrm{d}\phi + \int_0^{2\pi} \int_0^{\pi/2} f_0^{\mathrm{d}} \cos\theta_{\mathrm{r}} \sin\theta_{\mathrm{r}} \mathrm{d}\theta_{\mathrm{r}} \mathrm{d}\phi \qquad (2\text{-}68)$$

即可导出 BRDF 中漫反射分量 f_{00}^{d} 的解析表达式:

$$f_{00}^{\mathrm{d}}\left(\theta_{\mathrm{i}}; \sigma_h, l\right) = \frac{1}{\pi}\left(1 - \int_0^{2\pi} \int_0^{\pi/2} f_{00}^{\mathrm{s}} \cos\theta_{\mathrm{r}} \sin\theta_{\mathrm{r}} \mathrm{d}\theta_{\mathrm{r}} \mathrm{d}\phi\right) \qquad (2\text{-}69)$$

pBRDF 矩阵元素中的 f_{00} 应是镜面反射分量和漫反射分量之和的形式, 因此 Hyde 模型由以下两个表达式给出:

$$\begin{cases} f_{00}\left(\theta_{\mathrm{i}}, \theta_{\mathrm{r}}, \phi; \sigma_h, l; \eta\right) = f_{00}^{\mathrm{s}}\left(\theta_{\mathrm{i}}, \theta_{\mathrm{r}}, \phi; \sigma_h, l; \eta\right) \\ \qquad\qquad + \dfrac{1}{\pi}\left(1 - \displaystyle\int_0^{2\pi} \int_0^{\pi/2} f_{00}^{\mathrm{s}} \cos\theta_{\mathrm{r}} \sin\theta_{\mathrm{r}} \mathrm{d}\theta_{\mathrm{r}} \mathrm{d}\phi\right) M_{00}(\beta; \eta) \\ f_{jk}\left(\theta_{\mathrm{i}}, \theta_{\mathrm{r}}, \phi; \sigma_h, l; \eta\right) = f_{jk}^{\mathrm{s}}\left(\theta_{\mathrm{i}}, \theta_{\mathrm{r}}, \phi; \sigma_h, l; \eta\right), \quad j, k \neq 0 \end{cases}$$
$$(2\text{-}70)$$

2.2.4   pBRDF 模型仿真分析

我们对 P-G 模型和 Hyde 模型这两种典型的 pBRDF 模型对材料表面偏振反射特性的仿真曲线进行了比较和分析. 在仿真分析中, 我们设定入射方位角与反射方位角之差为零, 即入射面与反射面共面 (共面反射条件, $\phi = \pi$). 在此情况下, 我们进行 pBRDF 矩阵元素仿真时只对 f_{00}、f_{10}、f_{22} 和 f_{23} 进行分析, 这是因为在共面反射条件下, pBRDF 矩阵元素 f_{jk} 之间存在以下关系:

$$f_{02} = f_{03} = f_{12} = f_{13} = f_{20} = f_{21} = 0 \qquad (2\text{-}71)$$

$$f_{00} = f_{11} \qquad (2\text{-}72)$$

$$f_{10} = f_{01} \qquad (2\text{-}73)$$

$$f_{22} = f_{33} \qquad (2\text{-}74)$$

$$f_{23} = -f_{32} \qquad (2\text{-}75)$$

因此共面条件下的 pBRDF 矩阵元素数量可以由 16 缩减为 4, pBRDF 矩阵

f_{pBRDF} 可简化为如下形式:

$$f_{\mathrm{pBRDF}} = \begin{bmatrix} f_{00} & f_{01} & 0 & 0 \\ f_{01} & f_{00} & 0 & 0 \\ 0 & 0 & f_{22} & f_{23} \\ 0 & 0 & -f_{23} & f_{22} \end{bmatrix} \tag{2-76}$$

图 2-7(a) 是表面粗糙度 $\sigma = 0.3\mu\mathrm{m}$ 时各入射角条件下 P-G 模型与 Hyde 模型 f_{00} 仿真结果, 图 2-7(b) 是在表面粗糙度 $\sigma = 0.20\mu\mathrm{m}$, 材料折射率 $n = 1.7$, 入射角 $\theta_{\mathrm{i}} = 30°$ 条件下 P-G 模型与 Hyde 模型 pBRDF 矩阵元素 f_{jk} 仿真结果.

由图 2-7 仿真结果能够看出, P-G 模型的仿真曲线的值会在反射角 θ_{r} 较大的情况下急剧上升, 导致在 θ_{r} 接近 90° 时 pBRDF 矩阵元素 f_{jk} 趋于无穷大, 这种在大反射角时出现过高 pBRDF 值的现象在物理上是不合理的, 也是不准确的. Hyde 模型的仿真曲线在 θ_{r} 较大情况下的值明显低于 P-G 模型的仿真值, 使 pBRDF 矩阵元素 f_{jk} 的值始终保持在有限且合理的范围, 有效地降低了 P-G 模型在大反射角条件下的模拟误差. Hyde 模型降低大反射角下过高 pBRDF 值的原因在于引入了几何衰减因子 G, 即 Hyde 模型考虑了由表面微面元起伏对反射光造成的阴影与遮蔽效应, 认为大反射角条件下大量的光被起伏的微面元所遮挡, 因此大反射角下的 pBRDF 值维持在有限且合理的范围. 虽然几何衰减因子 G 的引入使得 pBRDF 模型的精度得到了显著提高, 但是 G 的引入同时也使得 Hyde 模型曲线不再是平滑的曲线, 而是存在尖锐的拐点, Hyde 模型中这样的偏振特性 "突变" 不符合物理常理, 仍然存在比较明显的误差.

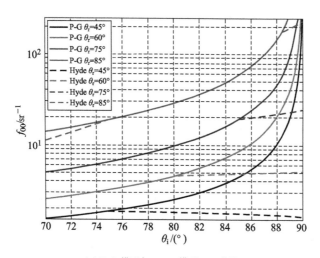

(a) P-G 模型与 Hyde 模型 f_{00} 曲线

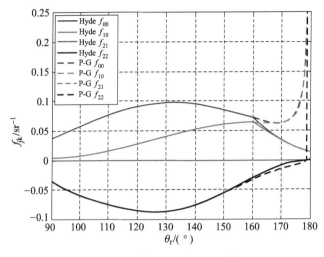

(b) P-G 模型与 Hyde 模型 f_{jk} 曲线

图 2-7   P-G 模型与 Hyde 模型仿真结果比较 (彩图见封底二维码)

2.3   小   结

　　BRDF 的概念由 Nicodemus 在 20 世纪 70 年代提出, 它表示物体表面反射的基本光学特性, 描述了某一入射方向的光波经物体表面反射后, 其反射能量在上半球空间的分布情况.

　　根据建模思路的不同, BRDF 模型可以分为分析模型和经验模型两大类. 最典型的几何光学模型是基于粗糙表面的 Torrance-Sparrow 模型, 它由于清晰且合理的物理思想以及对粗糙表面良好的模拟精度而得到了广泛的研究和应用, 至今仍是许多主流图像仿真系统中反射模型的基础; 最典型的 BRDF 经验模型是 Beard-Maxwell 模型, 它由表面分量和体分量两部分组成; 最典型的物理光学模型是 Beckmann-Kirchhoff 模型.

　　偏振反射特性模型的研究开展得比较晚, 直到 20 世纪末才有研究者提出 pBRDF 的概念. 首个严格意义上的 pBRDF 模型是 Priest-Germer 模型, 它以 T-S 模型为基础, 建立起了反射过程中偏振态的转换关系, 完成了偏振反射特性建模的关键一步, 但是 P-G 模型也存在着严重缺陷, 它没有提出漫反射过程中偏振效应的处理方法, 也没有考虑相邻微面元的阴影和遮蔽效应对反射特性的影响. Hyde 模型对 P-G 模型中存在的缺陷进行了改进, 一是引入了几何衰减因子 G 来描述微面元之间的阴影和遮蔽效应对反射光分布的影响, 有效减少了模型在大反射角条件下的模拟误差; 二是假定漫反射过程是完全消偏的, 并理论推导出了漫反射分量的数学表达式. Hyde 模型在模型假设的物理合理性和模拟精度方面都有显著提升, 是迄今最为完整和准确的 pBRDF 模型.

通过对 P-G 模型和 Hyde 模型仿真曲线进行比较和分析可见: P-G 模型的仿真曲线会在反射角较大的情况下急剧上升, 这是不合理也是不准确的; Hyde 模型值始终保持在有限且合理的范围, 有效地降低了 P-G 模型的模拟误差, 但是 Hyde 模型曲线存在尖锐的拐点, 仍然存在比较明显的误差.

第 3 章　基于随机表面微面元理论的几何衰减因子修正

3.1　现有典型几何衰减因子及其存在问题分析

目前很多 BRDF 模型和 pBRDF 模型, 如 T-S 模型和 Hyde 模型, 都引入了几何衰减因子, 这些模型应用的几何衰减因子都来源于 Blinn 提出的模型表达式. 1977 年, 美国犹他大学的 James F. Blinn 在其书中推导给出了反射过程中由相邻微面元的遮挡作用而产生的衰减效应的表达式, 并称之为几何衰减因子, 简写为 G, 来表征反射光经过阴影与遮蔽效应之后保留下来的反射光的比例. 几何衰减因子 G 的取值介于 0 和 1 之间, 当 $G = 1$ 时反射光全部通过, 无衰减, 而当 $G = 0$ 时反射光全部被衰减, 无反射光.

Blinn 在计算几何衰减因子时假定反射光的几何衰减效应由微面元的阴影与遮蔽效应组成, 即由阴影效应 (masking effect) 和遮蔽效应 (shadowing effect) 两部分组成, 如图 3-1 所示.

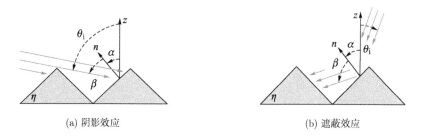

(a) 阴影效应　　　　　　　　　　　(b) 遮蔽效应

图 3-1　Blinn 几何衰减模型示意图

在反射前入射光受到遮挡产生阴影而造成的反射光能量损失被称为阴影效应, 在反射后反射光受到遮蔽而造成的反射光能量损失被称为遮蔽效应, 两者效果之和即为反射阴影与遮蔽效应, 即几何衰减效应. Blinn 几何衰减因子表达式在以下几个假设条件下推导得出:

(1) 每一个镜面反射面都包含对称的 V 形凹槽的一面;

(2) 凹槽的纵轴平行于平均表面;

(3) 对于凹槽纵轴所有方位的取向都有相等的可能性;

(4) 所有的阴影和遮蔽效应发生在凹槽内部, 相当于假设所有 V 形凹槽的上边缘都位于同一平面;

(5) 仅将入射光的第一次反射加入镜面反射通量中;

(6) 所有的多次反射都是完全漫反射.

通过几何关系推导计算, Blinn 最终给出的几何衰减因子 G 为一个分段函数形式的表达式:

$$G\left(\theta_{\mathrm{i}},\theta_{\mathrm{r}},\phi\right) = \min\left(1; \frac{2\cos\alpha\cos\theta_{\mathrm{r}}}{\cos\beta}; \frac{2\cos\alpha\cos\theta_{\mathrm{i}}}{\cos\beta}\right) \tag{3-1}$$

图 3-2(a) 显示的是粗糙度 $\sigma = 0.25\mu\mathrm{m}$, 入射角 $\theta_{\mathrm{i}} = 30°$ 条件下的几何衰减因子 G 曲线. 由于 G 的表达式是三个函数最小值形式, 因此 G 的曲线是由三条线段组成的, 当 G 的最大值为 1 时反射光没有衰减, 而在反射角 θ_{r} 很大或很小的情况下降得很明显, 抑制了不合理的过高的 BRDF 值. 虽然几何衰减因子 G 有效地消除了 BRDF/pBRDF 曲线在大反射角条件下过高的幅值, 但是 G 曲线中存在的尖锐拐点会造成 BRDF/pBRDF 曲线也出现尖锐的拐点, 如图 3-2(b) 所示.

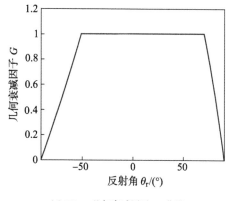
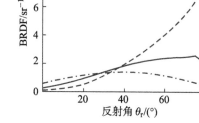

(a) Blinn 几何衰减因子 G 曲线　　　　(b) 引入 Blinn 几何衰减因子后的 BRDF 曲线

图 3-2　Blinn 几何衰减因子相关曲线

但是基于几何光学理论的微面元假设认为表面微面元的斜率分布是连续随机的, 满足高斯分布, 相邻微面元的斜率取值没有关系, 所以阴影遮蔽模型假设微面元为等腰的 V 形槽是不合理的, 它与微面元理论相矛盾; 而且微面元的斜率在理论上应该是平滑分布的, BRDF/pBRDF 曲线也应当符合平滑渐变的特征, 不应当出现尖锐的拐点. 因此 Blinn 形式的几何衰减因子在物理模型假设上存在缺陷, 会给 BRDF/pBRDF 模型带来严重的误差. 下面将针对 Blinn 几何衰减因子存在的不足推导计算新的几何衰减因子表达式.

3.2　强度几何衰减因子的理论推导及仿真分析

3.2.1　理论推导

由入射光、反射光和微面元的几何关系能够看出, 几何衰减效应在大入射角时主要是阴影效应, 在大反射角时主要是遮蔽效应. 本节针对 Blinn 几何衰减因子假设和推算中的缺陷, 重新对几何衰减因子 G 进行推导, 新的几何衰减因子计算基于以下五点假设:

(1) 样品表面是由平面微元组成的, 每一个微面元的面积相等;

(2) 各个微面元的倾斜角概率分布是独立的, 均满足高斯分布;

(3) 镜面反射光只由单次反射产生, 不考虑多次反射和体散射效应;

(4) 在大入射角条件下只考虑阴影效应, 在大反射角条件下只考虑遮蔽效应, 阴影效应和遮蔽效应不同时起作用;

(5) 根据微面倾斜角的不同, 按照反射/入射光透过的比例将反射的遮蔽/阴影模型分为完全通过、完全遮蔽/阴影、半通过半遮蔽/阴影三种情况.

下面根据微面倾斜角关系不同的情况, 对各个条件下的遮蔽和阴影效应进行计算.

1. 大反射角条件下遮蔽模型的计算

1) 完全通过模型

如图 3-3 所示, 设入射角和反射角分别为 θ_i 和 θ_r, 当入射角和反射角确定之后, 形成该反射过程的反射面的倾斜角度也就确定了, 设这个微面为微面 1, 其倾斜角度 α 应满足 $\alpha = (\theta_r - \theta_i)/2$.

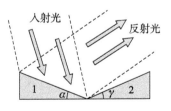

图 3-3　完全通过模型示意图

设与微面 1 相邻且靠近反射光方向的微面为微面 2, 其倾斜角度为 γ, 其取值范围为 $-\pi/2 < \gamma < \pi/2$. 由图中的几何关系不难发现: 当微面 2 与微面 1 的倾斜方向相同, 即 $\gamma < 0$ 时, 微面 2 不会遮蔽微面 1 的反射光; 当 $0 < \gamma < \pi/2 - \theta_r$ 时, 微面 2 也不会对反射光造成遮蔽, 以上两种情况反射光可以完全通过, 这种反射光完全通过的概率就是微面 2 的倾斜角度 γ 满足角度关系 $\gamma < \pi/2 - \theta_r$ 的概

率, 由于角度 γ 的分布满足高斯分布, 可以计算出反射光完全通过的概率 P_1 的表达式:

$$P_1\left(\theta_\mathrm{i}, \theta_\mathrm{r}\right) = \int_{-\frac{\pi}{2}}^{0} P(\gamma)\mathrm{d}\gamma + \int_{0}^{\frac{\pi}{2}-\theta_\mathrm{r}} P(\gamma)\mathrm{d}\gamma \tag{3-2}$$

$$P(\gamma) = \frac{1}{2\pi\sigma^2\cos^3\gamma}\exp\left(\frac{-\tan^2\gamma}{2\sigma^2}\right) \tag{3-3}$$

显然, 在完全通过条件下, 反射光通过的概率为 1, 因此满足完全通过条件且反射光通过的概率 G_{1a} 为

$$G_{1a}\left(\theta_\mathrm{i}, \theta_\mathrm{r}\right) = \int_{-\frac{\pi}{2}}^{0} 1\cdot P(\gamma)\mathrm{d}\gamma + \int_{0}^{\frac{\pi}{2}-\theta_\mathrm{r}} 1\cdot P(\gamma)\mathrm{d}\gamma = \int_{-\frac{\pi}{2}}^{\frac{\pi}{2}-\theta_\mathrm{r}} P(\gamma)\mathrm{d}\gamma \tag{3-4}$$

2) 完全遮蔽模型

当微面 2 的倾斜方向与微面 1 相反, 而且倾斜角度足够大时, 微面 2 会将反射光完全遮蔽, 此时没有入射光能够沿着反射方向通过, 如图 3-4 所示, 可以通过几何关系计算出微面 2 恰好完全将反射光遮蔽时的倾斜角为 $\pi - 2\theta_\mathrm{r} + \alpha$, 即当微面 2 的倾斜角度满足关系 $\pi - 2\theta_\mathrm{r} + \alpha < \gamma < \pi/2$ 时, 反射光完全被遮蔽.

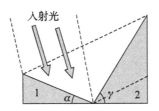

图 3-4 完全遮蔽模型示意图

通过计算得到反射光被完全遮蔽的概率 P_2 的表达式为

$$P_2\left(\theta_\mathrm{i}, \theta_\mathrm{r}\right) = \int_{\pi-2\theta_\mathrm{r}+\alpha}^{\frac{\pi}{2}} P(\gamma)\mathrm{d}\gamma \tag{3-5}$$

在完全遮蔽条件下, 反射光通过的概率为 0, 因此满足完全遮蔽条件且反射光通过的概率 G_{1b} 为

$$G_{1b}\left(\theta_\mathrm{i}, \theta_\mathrm{r}\right) = \int_{\pi-2\theta_\mathrm{r}+\alpha}^{\frac{\pi}{2}} 0\cdot P(\gamma)\mathrm{d}\gamma = 0 \tag{3-6}$$

3) 半通过半遮蔽模型

从上面的计算能够推断出, 当微面 2 的倾斜角度 γ 满足关系 $\pi/2 - \theta_r < \gamma < \pi - 2\theta_r + \alpha$ 时, 微面 2 对反射光的作用处于完全遮蔽和完全通过之间, 即一部分反射光能够通过, 其他一部分反射光受到遮蔽, 称之为半通过半遮蔽模型, 如图 3-5 所示. 反射光满足半通过半遮蔽条件的概率 P_3 为

$$P_3\left(\theta_i, \theta_r\right) = \int_{\frac{\pi}{2} - \theta_r}^{\pi - 2\theta_r + \alpha} p(\gamma) \mathrm{d}\gamma \tag{3-7}$$

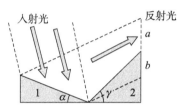

图 3-5   半通过半遮蔽模型示意图

如图 3-5 所示, a 和 b 分别是所标线段的长度, 则容易得到 $a/(a+b)$ 的值即为反射光中通过部分的比例, 经过几何计算, 得到反射光通过比例与入射角 θ_i、反射角 θ_r、微面 2 倾斜角 γ 存在如下关系:

$$\frac{a}{a+b} = \frac{\sin\alpha \cdot \tan\theta_r + \cos\alpha + \cos\gamma - \sin\gamma \cdot \tan\theta_r}{\sin\alpha \cdot \tan\theta_r + \cos\alpha} \tag{3-8}$$

在半通过半遮蔽条件下, 反射光通过的概率为 $a/(a+b)$, 因此满足半通过半遮蔽条件且反射光通过的概率 G_{1c} 为

$$G_{1c} = \int_{\frac{\pi}{2} - \theta_r}^{\pi - 2\theta_r + \alpha} P(\gamma) \cdot \frac{\sin\alpha \cdot \tan\theta_r + \cos\alpha + \cos\gamma - \sin\gamma \cdot \tan\theta_r}{\sin\alpha \cdot \tan\theta_r + \cos\alpha} \mathrm{d}\gamma \tag{3-9}$$

综合以上三种情况, 本书推导出的遮蔽因子 G_1, 即特定的入射角和反射角条件下反射光通过的概率, 应该等于分别满足上面每一种情况且反射光通过的概率之和:

$$G_1 = G_{1a} + G_{1b} + G_{1c} \tag{3-10}$$

$$G_1 = \int_{-\frac{\pi}{2}}^{\frac{\pi}{2} - \theta_r} P(\gamma) \mathrm{d}\gamma + \int_{\frac{\pi}{2} - \theta_r}^{\pi - 2\theta_r + \alpha} P(\gamma)$$

$$\cdot \frac{\sin\alpha \cdot \tan\theta_r + \cos\alpha + \cos\gamma - \sin\gamma \cdot \tan\theta_r}{\sin\alpha \cdot \tan\theta_r + \cos\alpha} \mathrm{d}\gamma \tag{3-11}$$

$$P(\gamma) = \frac{1}{2\pi\sigma^2 \cos^3\gamma} \exp\left(\frac{-\tan^2\gamma}{2\sigma^2}\right) \tag{3-12}$$

式 (3-11) 即为本节推导得到的遮蔽因子 G_1 的表达式.

2. 大入射角条件下阴影模型的计算

与上面遮蔽模型的推导计算过程相似, 将大入射角条件下的阴影模型也分成了完全通过模型、完全阴影模型和半通过半阴影模型三部分, 如图 3-6 所示.

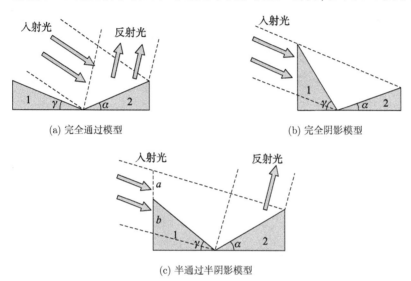

(a) 完全通过模型   (b) 完全阴影模型

(c) 半通过半阴影模型

图 3-6　大入射角条件下的完全通过、完全阴影、半通过半阴影模型示意图

$$G_{2a}\left(\theta_{\mathrm{i}}, \theta_{\mathrm{r}}\right) = \int_{-\frac{\pi}{2}}^{0} 1 \cdot P(\gamma)\mathrm{d}\gamma + \int_{0}^{\frac{\pi}{2}-\theta_{\mathrm{i}}} 1 \cdot P(\gamma)\mathrm{d}\gamma = \int_{-\frac{\pi}{2}}^{\frac{\pi}{2}-\theta_{\mathrm{i}}} P(\gamma)\mathrm{d}\gamma \tag{3-13}$$

$$G_{2b}\left(\theta_{\mathrm{i}}, \theta_{\mathrm{r}}\right) = \int_{\pi-2\theta_{\mathrm{i}}+\alpha}^{\frac{\pi}{2}} 0 \cdot P(\gamma)\mathrm{d}\gamma = 0 \tag{3-14}$$

$$G_{2c} = \int_{\frac{\pi}{2}-\theta_{\mathrm{i}}}^{\pi-2\theta_{\mathrm{i}}+\alpha} P(\gamma) \cdot \frac{\cos\alpha \cdot \cot\theta_{\mathrm{i}} + \cos\gamma \cdot \cot\theta_{\mathrm{i}} + \sin\alpha - \sin\gamma}{\cos\alpha \cdot \cot\theta_{\mathrm{i}} + \sin\alpha}\mathrm{d}\gamma$$

$$\tag{3-15}$$

$$G_2 = G_{2a} + G_{2b} + G_{2c} \tag{3-16}$$

$$G_2 = \int_{-\frac{\pi}{2}}^{\frac{\pi}{2}-\theta_{\mathrm{i}}} P(\gamma)\mathrm{d}\gamma + \int_{\frac{\pi}{2}-\theta_{\mathrm{i}}}^{\pi-2\theta_{\mathrm{i}}+\alpha} P(\gamma)$$

$$\cdot \frac{\cos\alpha \cdot \cot\theta_{\mathrm{i}} + \cos\gamma \cdot \cot\theta_{\mathrm{i}} + \sin\alpha - \sin\gamma}{\cos\alpha \cdot \cot\theta_{\mathrm{i}} + \sin\alpha}\mathrm{d}\gamma \tag{3-17}$$

$$P(\gamma) = \frac{1}{2\pi\sigma^2\cos^3\gamma} \cdot \exp\left(\frac{-\tan^2\gamma}{2\sigma^2}\right) \tag{3-18}$$

式 (3-17) 即为本节推导得到的阴影因子 G_2 的表达式.

3. 阴影与遮蔽模型统一表达式

阴影与遮蔽效应 $G(\theta_i, \theta_r)$ 是入射角和反射角的函数, 是入射阴影与反射遮蔽效应的综合, 由于阴影效应一般出现在入射角 θ_i 较大的情况下, 遮蔽效应一般出现在反射角 θ_r 较大的情况下, 而入射角 θ_i 和反射角 θ_r 的取值是独立的, 因此阴影效应和遮蔽效应也是相互独立的, 如果由于入射角较大产生了阴影效应, 而反射角较小没有产生遮蔽效应, 显然此时由于阴影效应的存在反射光还是有衰减的, 阴影效应与遮蔽效应中任何一个的存在都会产生衰减效应, 阴影与遮蔽效应因子 G 应当取遮蔽因子 G_1 与阴影因子 G_2 的最小值, 即

$$G(\theta_i, \theta_r) = \min(G_1, G_2) \tag{3-19}$$

式 (3-19) 即为本节推导得出的积分形式的几何衰减因子表达式.

3.2.2　仿真分析

首先从数学表达式的形式上对本节推导给出的几何衰减因子和原有 Blinn 几何衰减因子进行比较. 从数学形式上, 本节给出的几何衰减因子表达式将 Blinn 几何衰减因子从简单的三角函数形式改进为积分和的形式, 而且函数自变量发生了变化, Blinn 几何衰减因子的自变量只有入射角和反射角参数 θ_i、θ_r 和 ϕ, 即 Blinn 认为几何衰减效应只与几何条件有关, 而与表面粗糙度无关. 然而不难想象, 当表面起伏很剧烈, 粗糙度很大时, 阴影与遮蔽效应造成的反射光几何衰减效应应该很明显, 而当表面粗糙度近似为零时, 表面接近理想平面, 几乎不存在阴影和遮蔽效应, 几何衰减因子的值应当很小, 因此表面粗糙度应当是影响几何衰减效应的重要因素.

本节给出的积分型几何衰减因子的自变量不仅包含入射角度和反射角度参数, 也包含表面粗糙度 σ, 因此在同样的入射条件下, 不同粗糙度的表面具有不同的几何衰减效应. 如图 3-7 所示, 对于五种不同粗糙度的表面, Blinn 几何衰减因子曲线相同, 而本节给出的几何衰减因子曲线呈现不同的分布, 光滑表面对应 G 曲线的值较大, 粗糙表面对应 G 曲线的值较小, 这体现出粗糙表面的几何衰减效应更强, 更加符合物理常理.

其次对两个几何衰减因子的函数曲线形态进行比较, 两个几何衰减因子的函数值范围都是介于 0 和 1 之间, 在反射角较小时具有最大值 1, 而在反射角 θ_r 接近 90° 时迅速下降, 在 $\theta_r = 90°$ 时的值为 0, 都符合几何衰减效应应有的特征. 但 Blinn 几何衰减因子曲线是分段折线的形式, 存在不合理的尖锐拐点, 而本节给出的几何衰减因子曲线是连续平滑的形式, 消除了尖锐的拐点, 更加合理和准确.

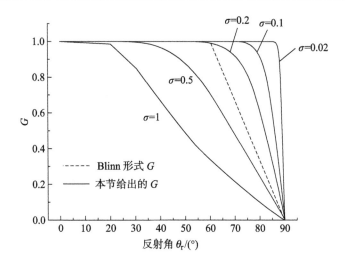

图 3-7　不同粗糙度下 Blinn 形式的 G 和本节给出的 G 因子曲线

3.3　偏振几何衰减因子的理论推导及仿真分析

3.3.1　理论推导

现有的几何衰减因子描述的是光强受到表面阴影与遮蔽效应的影响, 而没有计算偏振的效应. 考虑到偏振是光在反射过程中的重要效应, 本节对偏振光的几何衰减效应进行计算, 推导偏振几何衰减因子表达式.

根据 Maxwell 方程组的电磁场边界条件, 菲涅耳公式给出了光在理想界面发生反射和透射时水平和垂直方向电矢量的转化率 r_{ss} 和 r_{pp} 与介质折射率 n 和入射角 θ 之间的定量关系, 如图 3-8 所示.

$$n = \frac{n_2}{n_1} \tag{3-20}$$

$$r_{ss} = \frac{E_s^r}{E_s^i} = \frac{\left(n^2 - \sin^2\theta\right)^{\frac{1}{2}} - \cos\theta}{\left(n^2 - \sin^2\theta\right)^{\frac{1}{2}} + \cos\theta} \tag{3-21}$$

$$r_{pp} = \frac{E_p^r}{E_p^i} = \frac{n^2\cos\theta - \left(n^2 - \sin^2\theta\right)^{\frac{1}{2}}}{n^2\cos\theta + \left(n^2 - \sin^2\theta\right)^{\frac{1}{2}}} \tag{3-22}$$

式中, n_1 为反射前光传播介质的折射率 (一般为空气); n_2 为另外一种介质 (反射体) 的折射率; n 为相对折射率; θ 为入射角. 对于电导体材料, r_{ss} 和 r_{pp} 表达式中的折射率 n 应替换为复折射率 $n^* = n - \mathrm{i}k$, 其中实部 n 代表相速度, 虚部 k 为消光系数. 则垂直偏振光、平行偏振光和随机偏振光的强度反射率 R_s、R_p 和 R_{unpol}

的表达式分别为

$$R_s = |r_{ss}|^2 \tag{3-23}$$

$$R_p = |r_{pp}|^2 \tag{3-24}$$

$$R_{unpol} = \frac{1}{2}(R_s + R_p) \tag{3-25}$$

根据菲涅耳公式, 本节对折射率 $n = 1.8$ 的介质材料和复折射率 $n^* = 1.5 + 3i$ 的电导体材料的菲涅耳反射率 R_s、R_p 和 R_{unpol} 曲线进行了模拟, 如图 3-9 所示.

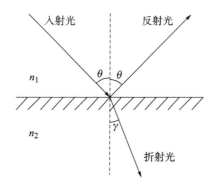

图 3-8　菲涅耳反射示意图

在计算偏振几何衰减因子时, 将微面元都看作理想平面, 光在每一个微面元上的反射都满足菲涅耳公式. 根据本书前面介绍的 BRDF 的概念和角度定义, 对于微面元而言, 入射角 θ 为

$$\theta = \frac{1}{2}|\theta_i - \theta_r| \tag{3-26}$$

微面元上的菲涅耳反射率 R_s、R_p 和 R_{unpol} 由入射角 θ_i、反射角 θ_r, 以及反射表面材质的折射率 n 或复折射率 n^* 决定, 因此任意入射角和反射角条件下的微面元反射率 $R_s(\theta_i, \theta_r, n)$、$R_p(\theta_i, \theta_r, n)$ 和 $R_{unpol}(\theta_i, \theta_r, n)$ 表达式分别为

$$R_s(\theta_i, \theta_r, n) = \left[\frac{\left(n^2 - \sin^2\frac{|\theta_i + \theta_r|}{2}\right)^{\frac{1}{2}} - \cos\frac{|\theta_i + \theta_r|}{2}}{\left(n^2 - \sin^2\frac{|\theta_i + \theta_r|}{2}\right)^{\frac{1}{2}} + \cos\frac{|\theta_i + \theta_r|}{2}}\right]^2 \tag{3-27}$$

$$R_{\mathrm{p}}\left(\theta_{\mathrm{i}},\theta_{\mathrm{r}},n\right)=\left[\dfrac{n^2\cos\dfrac{|\theta_{\mathrm{i}}+\theta_{\mathrm{r}}|}{2}-\left(n^2-\sin^2\dfrac{|\theta_{\mathrm{i}}+\theta_{\mathrm{r}}|}{2}\right)^{\frac{1}{2}}}{n^2\cos\dfrac{|\theta_{\mathrm{i}}+\theta_{\mathrm{r}}|}{2}+\left(n^2-\sin^2\dfrac{|\theta_{\mathrm{i}}+\theta_{\mathrm{r}}|}{2}\right)^{\frac{1}{2}}}\right]^2 \qquad (3\text{-}28)$$

$$R_{\mathrm{unpol}}\left(\theta_{\mathrm{i}},\theta_{\mathrm{r}},n\right)=\dfrac{R_{\mathrm{s}}\left(\theta_{\mathrm{i}},\theta_{\mathrm{r}},n\right)+R_{\mathrm{p}}\left(\theta_{\mathrm{i}},\theta_{\mathrm{r}},n\right)}{2} \qquad (3\text{-}29)$$

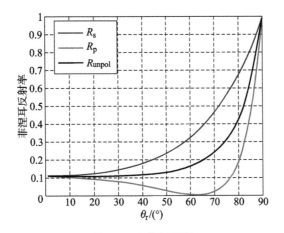

(a) $n = 1.8$ 的介质材料

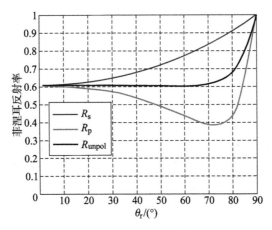

(b) $n^* = 1.5 + 3\mathrm{i}$ 的电导体材料

图 3-9　菲涅耳反射率仿真结果 (彩图见封底二维码)

如图 3-10 所示, 对 $\theta_{\mathrm{i}} = 30°$ 条件下折射率 $n = 1.8$ 的介质材料和复折射率 $n^* = 1.5 + 3\mathrm{i}$ 的电导体材料的菲涅耳反射率曲线进行了模拟.

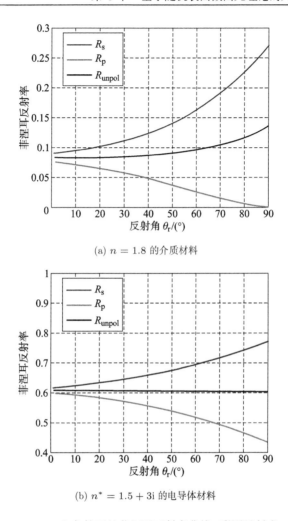

(a) $n = 1.8$ 的介质材料

(b) $n^* = 1.5 + 3\mathrm{i}$ 的电导体材料

图 3-10　$\theta_\mathrm{i} = 30°$ 条件下的菲涅耳反射率曲线 (彩图见封底二维码)

　　可以看出, 不管是介质材料还是电导体材料, 垂直 (s) 偏振光的反射率都明显大于水平 (p) 偏振光, 特别是在反射角 θ_r 较大的情况下, 非偏振光的反射率 R_unpol 是 R_s 和 R_p 的平均值, 电导体材料具有比介质材料更高的反射率. 可见光的偏振态对反射率的影响十分明显, 因此偏振是研究反射特性和几何衰减效应的一个不可忽视的因素.

　　本节推导的偏振几何衰减因子是由 3.2 节推导给出的强度几何衰减因子 G 与本节推导给出的微面元菲涅耳反射率 $R_\mathrm{s}(\theta_\mathrm{i}, \theta_\mathrm{r}, n)$、$R_\mathrm{p}(\theta_\mathrm{i}, \theta_\mathrm{r}, n)$ 和 $R_\mathrm{unpol}(\theta_\mathrm{i}, \theta_\mathrm{r}, n)$ 相结合而产生的. 由于由微面元阴影与遮蔽效应造成的光强几何衰减和微面元菲涅耳反射是相互独立、互不影响的, 因此偏振几何衰减因子 G_s、G_p 和 G_unpol 可

以认为是几何衰减因子 G 与微面元菲涅耳反射率 $R_s(\theta_i, \theta_r, n)$、$R_p(\theta_i, \theta_r, n)$ 和 $R_{\text{unpol}}(\theta_i, \theta_r, n)$ 相乘的结果, 并且与 θ_i、θ_r、σ 和 n 四个参数相关, 如式 (3-30) $\sim$ 式 (3-32) 所示:

$$G_s(\theta_i, \theta_r, \sigma, n) = G(\theta_i, \theta_r, \sigma) \cdot R_s(\theta_i, \theta_r, n) \tag{3-30}$$

$$G_p(\theta_i, \theta_r, \sigma, n) = G(\theta_i, \theta_r, \sigma) \cdot R_p(\theta_i, \theta_r, n) \tag{3-31}$$

$$G_{\text{unpol}}(\theta_i, \theta_r, \sigma, n) = G(\theta_i, \theta_r, \sigma) \cdot R_{\text{unpol}}(\theta_i, \theta_r, n) \tag{3-32}$$

　　如图 3-11 和图 3-12 所示, 对介质和电导体材料在两个入射角下的归一化偏振几何衰减因子 $[G/G(0°)]$ 曲线进行了仿真, 并与 Blinn 几何衰减因子 G_{Blinn} 曲线进行了比较. 可以看出, Blinn 几何衰减因子 G_{Blinn} 曲线只与入射角和反射角有

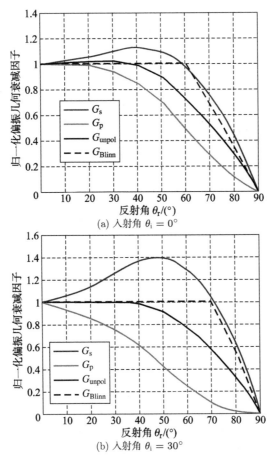

(a) 入射角 $\theta_i = 0°$

(b) 入射角 $\theta_i = 30°$

图 3-11　$\sigma = 0.5$、$n = 1.8$ 时的归一化 G_s、G_p 和 G_{unpol} 与 Blinn 几何衰减因子 G_{Blinn} 曲线 (彩图见封底二维码)

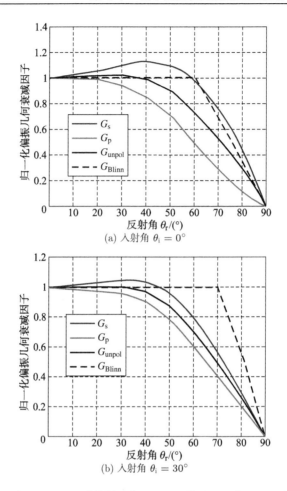

图 3-12　$\sigma = 0.5$、$n^* = 1.5 + 3i$ 时的归一化 G_s、G_p 和 G_{unpol} 与 Blinn 几何衰减因子 G_{Blinn}
曲线 (彩图见封底二维码)

关, 而本节给出的偏振几何衰减因子与材料的折射率有关, 而且不同偏振态的光
在反射过程中具有不同的几何衰减效应.

3.3.2　仿真分析

　　为了验证本节给出的偏振几何衰减因子表达式, 本节选取了两种卫星热控涂
层材料 SR107 和 S781, 对包含其偏振几何衰减因子的 BRDF 实验测量数据和计
算机仿真结果进行了对比和分析.

　　选取的两种涂层材料样品的折射率均为 $n = 1.998$, 样品表面粗糙度分别为
$\sigma_{SR107} = 0.206\mu m$, $\sigma_{S781} = 0.112\mu m$. 在入射角 $\theta_i = 40°$ 和 $\theta_i = 60°$ 条件下分别对
两种样品在 s 偏振光、p 偏振光和随机偏振光照射条件下三种偏振模式的 BRDF

曲线数据进行实验测量, 并将 T-S 模型中的 Blinn 几何衰减因子替换为本节给出的偏振几何衰减因子, 给出了两种样品在三种偏振模式下的 BRDF 曲线. 如图 3-13 和图 3-14 所示, 分别给出了两种材料样品在两个入射角条件下和三种偏振模式下的归一化 BRDF 曲线 $f_{\text{s-nor}}[f_s/f_{\text{s-unpol}}(\theta_i)]$ 的模型仿真与实验测量结果.

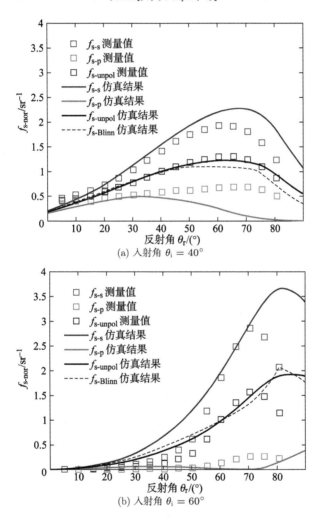

图 3-13　SR107 样品偏振 BRDF 仿真与测量结果 (彩图见封底二维码)

可以看到, 不同偏振模式下的 BRDF 曲线数据呈现出明显的分布差异, s 偏振光的 BRDF 值要明显地高于 p 偏振光的 BRDF 值, 在引入本节给出的偏振几何衰减因子后, 两种样品在 s 偏振光、p 偏振光和随机偏振光三种模式下的 BRDF 曲线能够与实验测量数据符合得比较好; 通过对几何衰减因子修正前后 BRDF 曲

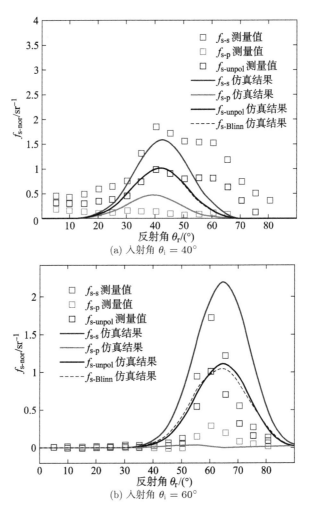

图 3-14　S781 样品偏振 BRDF 仿真与测量结果 (彩图见封底二维码)

线的比较能够看出, 对于粗糙度比较大的 SR107 样品, 原来由 Blinn 几何衰减因子造成的 BRDF 曲线中的尖锐拐点很明显, 在引入本节给出的偏振几何衰减因子之后, BRDF 曲线上的尖锐拐点被消除, BRDF 曲线被改进成了平滑渐变的曲线, 同时也使得模拟精度得到了提高; 而对于粗糙度比较小的 S781 样品, 由于 Blinn 几何衰减因子造成的 BRDF 曲线拐点不明显, 因此本节给出的偏振几何衰减因子对于粗糙表面材料的改进效果更为明显. 可以看到, pBRDF 的模型仿真和实验测量结果之间仍然存在着不小的误差, 主要原因为在上面的分析中只给出了镜面反射部分的结果, 而没有考虑漫反射分量, 因此主要误差来源于漫反射效应带来的误差, 而且材料样品表面粗糙度的测量误差也会影响模型的模拟精度.

3.4　小　　结

目前 BRDF 和 pBRDF 模型使用的是 Blinn 提出的几何衰减因子, 假设反射面是由大量对称的 V 形凹槽组成的, 通过几何关系推导计算, Blinn 几何衰减因子 G 为一个分段函数形式的表达式, 因此 Blinn 几何衰减因子 G 的曲线是由三条线段组成的, G 曲线中存在的尖锐拐点造成 BRDF/pBRDF 曲线也出现尖锐的拐点, 但是基于几何光学理论的微面元假设认为表面微面元的斜率分布是连续随机的, 假设微面元为等腰的 V 形槽是不合理的, 而且微面元的斜率在理论上应该是平滑分布的, BRDF/pBRDF 曲线也应当符合平滑渐变的特征, 不应当出现尖锐的拐点. 因此 Blinn 形式的几何衰减因子在物理模型假设上存在缺陷, 会给 BRDF/pBRDF 模型带来严重的误差.

针对 Blinn 几何衰减因子假设和推算中的缺陷, 本章重新对几何衰减因子 G 进行推导, 新的几何衰减因子计算假设各个微面元的倾斜角概率分布是独立的, 均满足高斯分布, 光滑表面对应 G 曲线的值较大, 粗糙表面对应 G 曲线的值较小, 这体现出粗糙表面的几何衰减效应更强, 更加符合物理常理, 几何衰减因子曲线是连续平滑的形式, 消除了尖锐的拐点, 更加合理和准确.

现有的几何衰减因子都没有考虑偏振效应, 本章通过菲涅耳定律计算推导了正交偏振几何衰减因子表达式, 通过仿真可见, 本章推导的偏振几何衰减因子对于粗糙表面材料的改进效果更为明显, pBRDF 的模型仿真主要误差来源于由漫反射效应带来的误差, 而且材料样品表面粗糙度的测量误差也会影响模型的模拟精度.

第 4 章 三分量偏振反射特性模型

4.1 从菲涅耳公式入手

这部分主要涉及光与物质在表面发生相互作用的物理现象. 在几何光学理论中, 当光照射到两种不同材料 (如空气、玻璃) 的分界面时会有三种情况发生: 光可能会被反射、透射 (也称为折射) 或吸收. 这三种情况出现的不同程度取决于很多因素, 包括几何结构、材料特性、波长等. 几何光学假设光的传播方向可以被近似为射线. 几何光学的一个缺点就是它不能描述光的非直线运动, 也就是光的衍射, 但是它依然能够为光学应用提供足够多的工具.

1. 反射定律

定义: 反射是电磁通量或功率入射到固定的表面或介质时, 从与入射方向同侧离开表面或介质而且频率不发生改变的过程.

定义: 反射比是被反射的那部分通量与入射通量的比例.

反射定律说明在光学上对于光滑镜面, 反射角 θ_r 等于入射角 θ_i, 如图 4-1 所示. 光滑镜面的要求是将反射定律的适用性限制在很小范围的材料. 然而反射定律是用来描述粗糙或非镜面表面反射的其他理论和模型的基础.

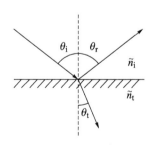

图 4-1 反射定律、折射定律几何关系图

2. 折射定律

定义: 折射是电磁波或声波通过一种介质进入另一种介质时波的传播方向发生改变的现象, 并且在两种介质中波速不同.

费马原理声明光在任意介质中从一点传播到另一点时, 沿所需时间最短的路径传播. 该原理可以被用来确定折射角或透射角. 这个关系就是斯涅耳定律.

$$n_i \sin \theta_i = n_t \sin \theta_t \tag{4-1}$$

式中, n_i 和 n_t 是复折射率 $\tilde{n}_i$ 和 $\tilde{n}_t$ 的实部, 该定律应用于光滑界面的情况.

3. 菲涅耳公式

反射定律和折射定律给出了反射光和透射光的方向, 而菲涅耳公式给出了能量在反射光和透射光之间是如何分布的. 电场 $\boldsymbol{E}$ 的水平分量和垂直分量有单独的方程. 振幅反射系数 ($r_{//}$ 和 $r_\perp$) 与反射场和入射场的大小有关. 振幅透射系数 ($t_{//}$ 和 $t_\perp$) 与透射场和入射场的大小有关. 然而在处理反射功率和透射功率时, 必须使用反射比 (R) 和透射比 (T) 方程.

两个振幅反射系数为

$$r_{//} = \frac{\tilde{n}_t \cos \theta_i - \tilde{n}_i \cos \theta_t}{\tilde{n}_i \cos \theta_t + \tilde{n}_t \cos \theta_i} \tag{4-2}$$

$$r_\perp = \frac{\tilde{n}_i \cos \theta_i - \tilde{n}_t \cos \theta_t}{\tilde{n}_i \cos \theta_i + \tilde{n}_t \cos \theta_t} \tag{4-3}$$

式中, $\tilde{n}$ 为复折射率; i 和 t 分别代表入射介质和透射介质; θ_i 和 θ_t 分别为入射角和透射角. 两个振幅透射系数为

$$t_{//} = \frac{2\tilde{n}_i \cos \theta_i}{\tilde{n}_i \cos \theta_t + \tilde{n}_t \cos \theta_i} \tag{4-4}$$

$$t_\perp = \frac{2\tilde{n}_i \cos \theta_i}{\tilde{n}_i \cos \theta_i + \tilde{n}_t \cos \theta_t} \tag{4-5}$$

结合菲涅耳振幅系数和反射比 R 及透射比 T 的定义:

$$R \equiv \frac{\Phi_r}{\Phi_i} = \frac{I_r \cos \theta_r}{I_i \cos \theta_i} = \frac{I_r}{I_i} \tag{4-6}$$

$$T \equiv \frac{\Phi_t}{\Phi_i} = \frac{I_t \cos \theta_t}{I_i \cos \theta_i} \tag{4-7}$$

由此可获得以下方程:

$$R_{//} = r_{//}^2 \tag{4-8}$$

$$R_\perp = r_\perp^2 \tag{4-9}$$

$$T_{//} = \left(\frac{n_t \cos \theta_t}{n_i \cos \theta_i} \right) t_{//}^2 \tag{4-10}$$

$$T_\perp = \left(\frac{n_t \cos \theta_t}{n_i \cos \theta_i} \right) t_\perp^2 \tag{4-11}$$

R 和 T 之间的关系:

$$R + T = 1 \tag{4-12}$$

对于水平和垂直部分, 该关系仍然适用:

$$R_{/\!/} + T_{/\!/} = 1 \tag{4-13}$$

$$R_{\perp} + T_{\perp} = 1 \tag{4-14}$$

以非金属材料玻璃 $(n = 1.5)$ 和金属材料铜 $(n = 0.405 + 2.95\mathrm{i})$ 为例说明菲涅耳公式, 入射光由空气进入两种介质, 结果如图 4-2 所示. 从图 4-2(a) 中我们可以看到, 对于玻璃有一个水平反射比为 0 的点, 这种情况出现在布儒斯特角处, 在该角度处反射光是完全偏振的.

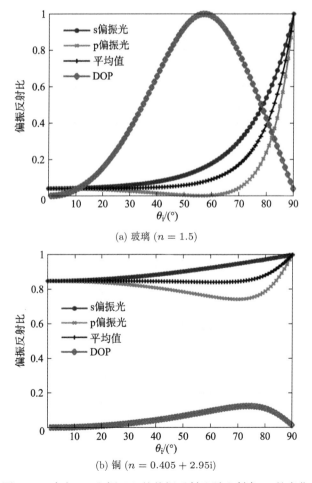

(a) 玻璃 $(n = 1.5)$

(b) 铜 $(n = 0.405 + 2.95\mathrm{i})$

图 4-2　玻璃 (a) 和铜 (b) 的偏振反射比随入射角 θ_i 的变化

实际上, 菲涅耳公式描述了理想表面反射、折射与透射过程的偏振特性, 但是它无法直接应用到目标偏振特性的建模与应用上, 其原因主要有两点: 一是菲涅耳公式只适用于理想表面, 即表面是完全光滑的, 粗糙度为零, 实际上所有目标的表面都不可能达到这样理想的情况; 二是菲涅耳公式描述的偏振反射特性是正交偏振特性, 即 s 光与 p 光在反射、折射和透射过程前后的比例, 并没有显示反射作用前后 Stokes 矢量变化的全偏振反射特性. 因此许多研究者都在菲涅耳公式的基础上继续研究粗糙表面的偏振反射过程, 试图建立适用于真实世界中实际目标表面的全偏振反射特性模型, 本章后半部分将介绍我们在偏振反射特性建模方面的一些研究成果.

4.2 基于三分量假设的 pBRDF 模型建立

4.2.1 现有 pBRDF 模型存在问题分析

本书前面的部分已经介绍, 现有的 pBRDF 模型比较少, Hyde 模型由于其合理的物理假设和较高的模拟精度而被认为代表了现有 pBRDF 模型的最高水平. 然而, Hyde 模型仍然存在着严重的不足, 其模拟精度仍不能够满足目标偏振特性仿真与应用的要求.

Hyde 模型虽然能够比较准确地模拟某些材料表面的 pBRDF 特性, 但是对于一些材料, 特别是漫反射效应强烈材料的模拟误差非常大. 这是由于 Hyde 模型对漫反射分量的处理过于简单, 将漫反射当作理想朗伯反射过程, 认为漫反射光在各反射方向均匀分布. 如图 4-3 所示, 对表面粗糙度 $\sigma = 0.216\mu m$ 的涂层材

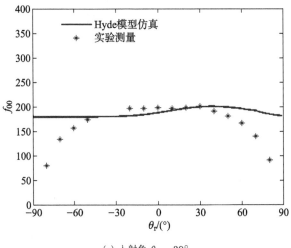

(a) 入射角 $\theta_i = 30°$

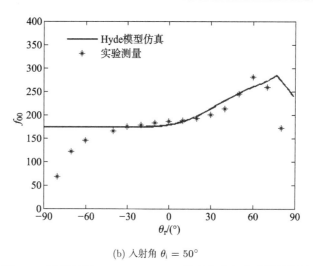

(b) 入射角 $\theta_i = 50°$

图 4-3   涂层材料 SR107 f_{00} Hyde 模型仿真与实验测量结果

料 SR107 在入射角 $\theta_i = 30°$ 和 $\theta_i = 50°$ 时的 pBRDF 进行了实验测量, 并利用 Hyde 模型进行了 pBRDF 仿真.

实验测量数据和 Hyde 模型模拟结果显示, 当反射方向接近表面法向, 即反射角 θ_r 较小时, Hyde 模型与实验测量数据符合得比较好, 但是当反射方向接近表面掠射方向, 即反射角的绝对值比较大时, Hyde 模型模拟值明显地大于实验测量数据, 存在严重的误差. 表 4-1 显示了 Hyde 模型与实验测量数据在不同反射角 θ_r 条件下的模拟误差, 在一些条件下 Hyde 模型的模拟误差超过了 100%, 最高甚至达到 153.18%, 这样的误差对于 pBRDF 模型来说是不能接受的.

表 4-1   **Hyde 模型对涂层材料在不同反射角 θ_r 条件下的模拟误差**

反射角 θ_r	$\theta_i = 30°$ 时的模拟误差	$\theta_i = 50°$ 时的模拟误差
$-80°$	123.19%	153.18%
$-70°$	33.83%	42.51%
$-60°$	13.92%	—
$-50°$	3.33%	—
$-40°$	—	4.73%
$-30°$	—	0.29%
$-20°$	8.58%	2.63%
$-10°$	6.21%	4.60%

续表

反射角 θ_r	$\theta_i = 30°$ 时的模拟误差	$\theta_i = 50°$ 时的模拟误差
0°	5.00%	4.52%
10°	2.23%	1.27%
20°	0.51%	2.22%
30°	1.09%	6.32%
40°	4.43%	7.85%
50°	8.68%	0.57%
60°	14.89%	7.55%
70°	26.99%	4.62%
80°	101.04%	58.80%

4.2.2 三分量反射假设思想

在前面介绍的 Priest-Germer 模型和 Hyde 模型中, 光的反射过程都被认为是单次反射和多次反射两部分之和, 其对 pBRDF 矩阵元素 f_{jk} 表达式的推导, 都是将单次反射分量通过菲涅耳公式得到其偏振形式的 Jones 矩阵 T_{jk}, 推导至 Mueller 矩阵 M_{jk}, 再与单次反射分量的强度 f_s 相乘得到的. 这样的 pBRDF 计算方法认为: 反射过程中的单次反射具有起偏效应, 单次反射光的偏振态可以通过菲涅耳公式推算得出; 而另外一部分光由于与多个微面元发生了反射作用, 而每个微面元的倾斜角度是随机的, 反射偏振态就变得异常复杂, 所以综合看来多次反射光的偏振态被认为是随机的, 即无偏光. 在计算时, 上述的单次反射分量 f_s 通过微面元理论和几何衰减因子计算得出, 多次反射分量 f_m 被认为具有朗伯特性, 即在不同反射角下具有相同的值, 可以通过 f_s 和 f_m 在上半球面积分之和为 1 的关系求出.

上述模型中的多次反射光, 实际上就是几何衰减效应中的阴影效应或遮蔽效应损失的那一部分单次镜面反射光. 也就是说, 上述模型认为全部反射光是由两部分组成的: 一部分是没有受到阴影或遮蔽影响的单次反射光 f_s; 另一部分是受到阴影和遮蔽衰减的影响, 反射方向不沿反射角方向而向各个方向散射的多次反射光 f_m.

然而在很多情况下材料表面形貌并不是致密的, 而是具有疏松多孔的结构, 空间目标热控涂层就属于疏松多孔的材料, 如图 4-4 所示.

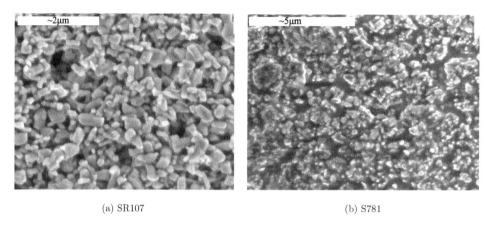

(a) SR107   (b) S781

图 4-4　卫星热控涂层材料表面扫描电子显微镜 (SEM) 图

　　目标物体的表面并不是只存在反射过程的完全非透明介质, 而是半透明介质, 在与光发生的作用中除了反射之外, 还存在折射和吸收. 光会进入材料内部, 与材料内部的物质发生吸收和散射作用, 这样的内部吸收和散射作用对于涂层材料等介质的光学特性而言是非常重要的, 因此在研究空间目标材料的反射特性时必须考虑光在材料内部的散射作用.

　　如图 4-5 所示, 本书考虑散射作用之后, 认为反射作用是由三部分组成的, 除了单次反射 (specular reflection)$f_{\rm s}$ 和多次反射 (multiple reflection)$f_{\rm m}$ 之外, 还存在体散射 (volumescattering)$f_{\rm v}$, 有时也被称为面下散射 (subsurface-diffuse). 体散射光是指入射光与表面作用后进入材料内部, 与材料发生作用后又射出表面的那一部分反射光.

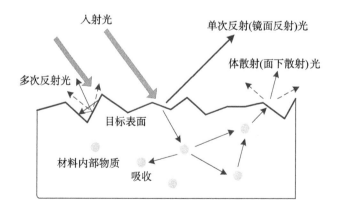

图 4-5　三分量反射模型示意图

在处理反射光的偏振态时, 本书认为镜面反射光与表面微面元作用时遵循菲涅耳定律, 计算得到的镜面反射光偏振态与 Hyde 模型镜面反射部分的结果相同; 多次反射光经过与表面的多次反射作用, 其出射方向和出射偏振态经历了多次改变, 可以认为其偏振方向已变得杂乱无章, 即多次反射光可认为是随机偏振光; 体散射光穿透表面之后, 与内部材料的作用十分复杂, 因此认为体散射过程也是完全消偏的. 本书认为多次反射和体散射过程的消偏作用都十分强烈, 即反射光中多次反射光和体散射光都是随机偏振光, 而反射光中的偏振光部分全部是由单次反射产生的.

4.2.3 涂层材料三分量 pBRDF 模型

1. 镜面反射部分

在对 pBRDF 矩阵元素表达式进行推导之前, 本书先基于上面的反射假设给出三分量 BRDF 的表达式. 设 BRDF 表达式中单次反射 (镜面反射)、多次反射和体散射的权重系数分别为 k_s、k_m 和 k_v, 则三分量 BRDF 表达式可以写为

$$f = k_s \cdot f_s + k_m \cdot f_m + k_v \cdot f_v \tag{4-15}$$

首先需要确定镜面反射、多次反射和体散射光的强度分布, 即确定 f_s、f_m 和 f_v 的表达式.

对于镜面反射分量, 本书仍然认为反射表面是由大量微面元构成的, 且微面元法向分布满足高斯函数, 所以镜面反射分量 f_s 的表达式与 T-S 模型、Priest-Germer 模型和 Hyde 模型中的镜面反射部分相似.

$$f_s(\theta_i, \theta_r, \phi) = \frac{1}{2\pi} \frac{1}{4\sigma^2} \frac{1}{\cos^4 \theta_N} \frac{\exp\left(-\dfrac{\tan^2 \theta_N}{2\sigma^2}\right)}{\cos \theta_r \cos \theta_i} F(\beta) \tag{4-16}$$

式中, θ_i 为入射俯仰角; θ_r 为反射俯仰角; ϕ 为入射与反射方位角之差; σ 为表面粗糙度; θ_N 为表面宏观法向与微面元法向的夹角, 即 $\theta_N = |\theta_i - \theta_r|/2$.

在模型的反射率设定方面, 现有的 Priest-Germer 模型和 Hyde 模型镜面反射分量表达式中的菲涅耳反射率 $F(\beta)$ 值均假定为 1, 即假定入射光能量经过反射作用后全部转化为反射光能量, 反射过程中不存在折射和吸收, 而这样的假设明显不符合物理常理, 会使反射光的分布具有较大的误差. 菲涅耳公式表明, 反射过程中入射光的能量会以一定的比例随反射光回到空间, 另一部分则以折射的形式进入表面内部, 因此在计算反射光能量时应当考虑表面的菲涅耳反射率, 因此镜面反射分量 f_s 应当在现有表达式的基础上乘以菲涅耳反射率 F. 在计算菲涅耳反

射率 F 时, 菲涅耳公式中的入射角不是宏观的光线入射角 θ_{i}, 而是入射光相对于微面元的入射角 β, 即宏观入射角 θ_{i} 和反射角 θ_{r} 之和的一半. 菲涅耳反射率与偏振态有关, 考虑一般情况, 当入射光为随机偏振光时, 菲涅耳反射率为 s 光反射率 R_{s} 与 p 光反射率 R_{p} 的平均值, 此时的菲涅耳反射率可写为

$$F(\beta) = \frac{1}{2}\left[R_{\mathrm{s}}(\beta) + R_{\mathrm{p}}(\beta)\right] = \frac{1}{2}\left[R_{\mathrm{s}}\left(\frac{\theta_{\mathrm{i}} + \theta_{\mathrm{r}}}{2}\right) + R_{\mathrm{p}}\left(\frac{\theta_{\mathrm{i}} + \theta_{\mathrm{r}}}{2}\right)\right] \tag{4-17}$$

式中, R_{s} 和 R_{p} 的表达式由菲涅耳公式给出.

根据式 (4-17), 可以得到特定入射角 θ_{i} 条件下菲涅耳反射率 F 随反射角的函数曲线, 图 4-6 给出了入射角 $\theta_{\mathrm{i}} = 10°$、$30°$、$50°$ 和 $70°$ 条件下的菲涅耳反射率 F 曲线.

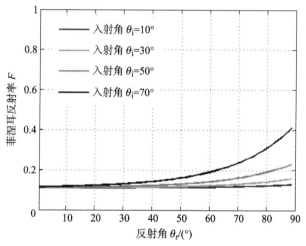

图 4-6   不同入射角条件下的菲涅耳反射率曲线 (彩图见封底二维码)

由图 4-6 可以看出, 当入射角较小时, 反射率的值在 $0.1 \sim 0.2$, 随反射角的变化不大, 当入射角比较大时, 反射率的值随反射角的增大而显著增大, 反射率对反射光能量的空间分布影响较大.

2. 多次反射部分

多次反射分量 f_{m} 的确定比较困难, 由于光在经过表面多次反射作用之后在不同角度的分布情况难以定量计算, 可以用定性分析的方法确定多次反射光方向分布的基本特征, 如图 4-7 所示.

如图 4-7 所示, 入射光以入射角 θ_{i} 在表面微面元处发生反射, 对于斜率较小的微面元 (设其斜率为 α_1), 反射光与微面元发生再次反射的概率很小, 镜面反射起主要作用, 此时反射角 $\theta_{\mathrm{r}1}$ 有可能很大, 而对于斜率较大的微面元 (设其斜率为

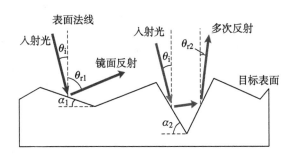

图 4-7 多次反射分量分布定性分析示意图

α_2), 反射光很有可能由于阴影与遮蔽效应与相邻的微面元再次发生反射作用, 形成多次反射光, 如果光线出射角度较大, 则仍有可能继续与微面元发生反射作用, 因此多次反射分量的反射角 θ_{r2} 一般比较小, 也就是说, 多次反射分量分布在大反射角方向的概率比较小, 而大量的多次反射光应当集中在小反射角方向.

基于该结论, 本书将一些满足这样特征的函数与实验测量数据进行拟合, 发现对于涂层材料, 高次余弦函数能够很好地符合实测数据, 而且高次余弦函数的次数 N 能够作为较为理想的模型调节参量. 因此, 本书认为 BRDF 模型中的多次反射分量表达式为

$$f_{\mathrm{m}} = \cos^N \theta_{\mathrm{r}} \tag{4-18}$$

3. 体散射部分

入射光中的一部分在表面发生镜面反射和多次反射, 另一部分则透射进入表面内部, 这些透射光中的一部分被吸收, 另一部分再次穿过表面进入外部空间, 本书称这一部分进入表面后又穿出表面进入空间的光为体散射分量. 对于体散射分量, 由于体散射光要在表面经过两次透射过程, 而且入射光透过表面进入物体内部会与材料发生极其复杂的散射作用, 散射作用会导致光的方向变得杂乱无序, 因此体散射光的方向可以认为是在各个方向随机分布的, 即体散射光在空间各个方向上分布的概率相等, 故 BRDF 模型中体散射分量的表达式可以写成

$$f_{\mathrm{v}} = 1 \tag{4-19}$$

综上, 基于三分量假设的涂层材料 BRDF 模型表达式为

$$f = k_{\mathrm{s}} \cdot \frac{1}{2\pi} \frac{1}{4\sigma^2} \frac{1}{\cos^4 \theta_N} \frac{\exp\left(-\dfrac{\tan^2 \theta_N}{2\sigma^2}\right)}{\cos \theta_{\mathrm{r}} \cos \theta_{\mathrm{i}}} F(\beta) + k_{\mathrm{m}} \cdot \cos^N \theta_{\mathrm{r}} + k_{\mathrm{v}} \tag{4-20}$$

4. 涂层材料三分量 pBRDF 模型推导

基于上文给出的三分量 BRDF 模型表达式, 本书对反射光各个分量的偏振效应进行计算, 推导 pBRDF 模型的表达式. 为避免混淆, 本书将 Hyde 模型中由镜面反射效应形成的 pBRDF 矩阵元素记为 $f_{\mathrm{H}jk}$, 由本书推导给出的 pBRDF 矩阵元素记为 f_{jk}.

首先考虑单次反射的偏振效应, 本书认为单次反射光在与微面元发生反射作用时, 其偏振效应遵循菲涅耳定律, 即单次反射作用的 pBRDF 模型与 Hyde 模型中单次反射的镜面反射的部分相同, 设单次反射作用入射光和反射光的 Stokes 矢量分别为 $S_{\mathrm{s}}^{\mathrm{in}}$ 和 $S_{\mathrm{s}}^{\mathrm{out}}$, 则有

$$S_{\mathrm{s}}^{\mathrm{out}} = f_{\mathrm{Hyde}} \cdot S_{\mathrm{s}}^{\mathrm{in}} \tag{4-21}$$

$$
\begin{pmatrix} S_{\mathrm{s}0}^{\mathrm{out}} \\ S_{\mathrm{s}1}^{\mathrm{out}} \\ S_{\mathrm{s}2}^{\mathrm{out}} \\ S_{\mathrm{s}3}^{\mathrm{out}} \end{pmatrix}
=
\begin{pmatrix}
f_{\mathrm{H}00} & f_{\mathrm{H}01} & f_{\mathrm{H}02} & f_{\mathrm{H}03} \\
f_{\mathrm{H}10} & f_{\mathrm{H}11} & f_{\mathrm{H}12} & f_{\mathrm{H}13} \\
f_{\mathrm{H}20} & f_{\mathrm{H}21} & f_{\mathrm{H}22} & f_{\mathrm{H}23} \\
f_{\mathrm{H}30} & f_{\mathrm{H}31} & f_{\mathrm{H}32} & f_{\mathrm{H}33}
\end{pmatrix}
\begin{pmatrix} S_{\mathrm{s}0}^{\mathrm{in}} \\ S_{\mathrm{s}1}^{\mathrm{in}} \\ S_{\mathrm{s}2}^{\mathrm{in}} \\ S_{\mathrm{s}3}^{\mathrm{in}} \end{pmatrix}
\tag{4-22}
$$

$$S_{\mathrm{s}0}^{\mathrm{out}} = f_{\mathrm{H}00} \cdot S_{\mathrm{s}0}^{\mathrm{in}} + f_{\mathrm{H}01} \cdot S_{\mathrm{s}1}^{\mathrm{in}} + f_{\mathrm{H}02} \cdot S_{\mathrm{s}2}^{\mathrm{in}} + f_{\mathrm{H}03} \cdot S_{\mathrm{s}3}^{\mathrm{in}} = \sum_{i=0}^{3} f_{\mathrm{H}0i} \cdot S_{\mathrm{s}i}^{\mathrm{in}} \tag{4-23}$$

$$S_{\mathrm{s}1}^{\mathrm{out}} = f_{\mathrm{H}10} \cdot S_{\mathrm{s}0}^{\mathrm{in}} + f_{\mathrm{H}11} \cdot S_{\mathrm{s}1}^{\mathrm{in}} + f_{\mathrm{H}12} \cdot S_{\mathrm{s}2}^{\mathrm{in}} + f_{\mathrm{H}13} \cdot S_{\mathrm{s}3}^{\mathrm{in}} = \sum_{i=0}^{3} f_{\mathrm{H}1i} \cdot S_{\mathrm{s}i}^{\mathrm{in}} \tag{4-24}$$

$$S_{\mathrm{s}2}^{\mathrm{out}} = f_{\mathrm{H}20} \cdot S_{\mathrm{s}0}^{\mathrm{in}} + f_{\mathrm{H}21} \cdot S_{\mathrm{s}1}^{\mathrm{in}} + f_{\mathrm{H}22} \cdot S_{\mathrm{s}2}^{\mathrm{in}} + f_{\mathrm{H}23} \cdot S_{\mathrm{s}3}^{\mathrm{in}} = \sum_{i=0}^{3} f_{\mathrm{H}2i} \cdot S_{\mathrm{s}i}^{\mathrm{in}} \tag{4-25}$$

$$S_{\mathrm{s}3}^{\mathrm{out}} = f_{\mathrm{H}30} \cdot S_{\mathrm{s}0}^{\mathrm{in}} + f_{\mathrm{H}31} \cdot S_{\mathrm{s}1}^{\mathrm{in}} + f_{\mathrm{H}32} \cdot S_{\mathrm{s}2}^{\mathrm{in}} + f_{\mathrm{H}33} \cdot S_{\mathrm{s}3}^{\mathrm{in}} = \sum_{i=0}^{3} f_{\mathrm{H}3i} \cdot S_{\mathrm{s}i}^{\mathrm{in}} \tag{4-26}$$

综上, 反射光中单次反射分量的 Stokes 矢量表达式为

$$S_{\mathrm{s}}^{\mathrm{out}} = \left(\sum_{i=0}^{3} f_{\mathrm{H}0i} \cdot S_{\mathrm{s}i}^{\mathrm{in}} \quad \sum_{i=0}^{3} f_{\mathrm{H}1i} \cdot S_{\mathrm{s}i}^{\mathrm{in}} \quad \sum_{i=0}^{3} f_{\mathrm{H}2i} \cdot S_{\mathrm{s}i}^{\mathrm{in}} \quad \sum_{i=0}^{3} f_{\mathrm{H}3i} \cdot S_{\mathrm{s}i}^{\mathrm{in}} \right)^{\mathrm{T}} \tag{4-27}$$

在处理多次反射分量和体散射分量的偏振效应时, 本书认为入射光在与表面发生多次反射作用过程中光的偏振态会产生复杂的变化, 进入表面内部与材料发生作用的散射过程一般也认为是消偏的, 因此本书假定多次反射光和体散射光都

是随机偏振光, 即多次反射和体散射过程都是完全消偏的. 因此多次反射光和体散射光的 Stokes 矢量表达式分别可以写为

$$S_{\mathrm{m}}^{\mathrm{out}} = k_{\mathrm{m}} \begin{pmatrix} f_{\mathrm{m}} & 0 & 0 & 0 \end{pmatrix}^{\mathrm{T}} = \begin{pmatrix} k_{\mathrm{m}} f_{\mathrm{m}} & 0 & 0 & 0 \end{pmatrix}^{\mathrm{T}} \tag{4-28}$$

$$S_{\mathrm{v}}^{\mathrm{out}} = k_{\mathrm{v}} \begin{pmatrix} f_{\mathrm{v}} & 0 & 0 & 0 \end{pmatrix}^{\mathrm{T}} = \begin{pmatrix} k_{\mathrm{v}} f_{\mathrm{v}} & 0 & 0 & 0 \end{pmatrix}^{\mathrm{T}} \tag{4-29}$$

现在本书已经得到了单次反射光、多次反射光和体散射光的 Stokes 矢量 $S_{\mathrm{s}}^{\mathrm{out}}$、$S_{\mathrm{m}}^{\mathrm{out}}$ 和 $S_{\mathrm{v}}^{\mathrm{out}}$, 下面本书需要得到全体反射光的 Stokes 矢量. 在推导全体反射光的 Stokes 矢量之前, 首先需要证明两束光整体的 Stokes 矢量为两束光各自 Stokes 矢量之和:

令第一束光强度为 I_a, Stokes 矢量为 S_a, 第二束光强度为 I_b, Stokes 矢量为 S_b, 两束光整体的强度为 I, Stokes 矢量为 S, I_0、I_{45}、I_{90}、I_{135}、I_{left} 和 I_{right} 分别表示光在各个偏振角度或旋向下的强度分量, 根据 Stokes 矢量定义式, 则有

$$\begin{aligned} S_0 &= I_0 + I_{90} = (I_{a0} + I_{b0}) + (I_{a90} + I_{b90}) \\ &= (I_{a0} + I_{a90}) + (I_{b0} + I_{b90}) = S_{a0} + S_{b0} \end{aligned} \tag{4-30}$$

$$\begin{aligned} S_1 &= I_0 - I_{90} = (I_{a0} + I_{b0}) - (I_{a90} + I_{b90}) \\ &= (I_{a0} - I_{a90}) + (I_{b0} - I_{b90}) = S_{a1} + S_{b1} \end{aligned} \tag{4-31}$$

$$\begin{aligned} S_2 &= I_{45} - I_{135} = (I_{a45} + I_{b45}) - (I_{a135} + I_{b135}) \\ &= (I_{a45} - I_{a135}) + (I_{b45} - I_{b135}) = S_{a2} + S_{b2} \end{aligned} \tag{4-32}$$

$$\begin{aligned} S_3 &= I_{\mathrm{right}} - I_{\mathrm{left}} = (I_{a-\mathrm{right}} + I_{b-\mathrm{right}}) - (I_{a-\mathrm{left}} + I_{b-\mathrm{left}}) \\ &= (I_{b-\mathrm{right}} - I_{b-\mathrm{left}}) + (I_{a-\mathrm{right}} - I_{a-\mathrm{left}}) = S_{a3} + S_{b3} \end{aligned} \tag{4-33}$$

$$S = \begin{pmatrix} S_0 \\ S_1 \\ S_2 \\ S_3 \end{pmatrix} = \begin{pmatrix} S_{a0} + S_{b0} \\ S_{a1} + S_{b1} \\ S_{a2} + S_{b2} \\ S_{a3} + S_{b3} \end{pmatrix} = \begin{pmatrix} S_{a0} \\ S_{a1} \\ S_{a2} \\ S_{a3} \end{pmatrix} + \begin{pmatrix} S_{b0} \\ S_{b1} \\ S_{b2} \\ S_{b3} \end{pmatrix} = S_a + S_b \tag{4-34}$$

这样本书证明得到两束光整体的 Stokes 矢量为两束光各自 Stokes 矢量之和, 下面基于该结论给出全体反射光的 Stokes 矢量表达式. 由于全体反射光是单次反射光、多次反射光和体散射光之和, 因此全体反射光的 Stokes 矢量为单次反射光、多次反射光和体散射光各自 Stokes 矢量之和:

$$S^{\mathrm{out}} = S_{\mathrm{s}}^{\mathrm{out}} + S_{\mathrm{m}}^{\mathrm{out}} + S_{\mathrm{v}}^{\mathrm{out}} \tag{4-35}$$

将前面给出的单次反射、多次反射和体散射光的 Stokes 矢量表达式代入式 (4-35) 可得全体反射光的 Stokes 矢量表达式:

$$S^{\text{out}} = S_{\text{s}}^{\text{out}} + S_{\text{m}}^{\text{out}} + S_{\text{v}}^{\text{out}} = \begin{pmatrix} k_{\text{s}} \cdot \sum_{i=0}^{3} f_{\text{H}0i} S_i^{\text{in}} + k_{\text{m}} \cdot f_{\text{m}} + k_{\text{v}} \cdot f_{\text{d}} \\ k_{\text{s}} \cdot \sum_{i=0}^{3} f_{\text{H}1i} S_i^{\text{in}} \\ k_{\text{s}} \cdot \sum_{i=0}^{3} f_{\text{H}2i} S_i^{\text{in}} \\ k_{\text{s}} \cdot \sum_{i=0}^{3} f_{\text{H}3i} S_i^{\text{in}} \end{pmatrix} \tag{4-36}$$

式 (4-36) 即为全体反射光的 Stokes 矢量表达式. 根据 pBRDF 定义式中入射光和反射光的 Stokes 矢量与 pBRDF 矩阵的关系, 可以导出 pBRDF 矩阵的表达式:

$$S^{\text{out}} = f_{\text{pBRDF}} \cdot S^{\text{in}} \tag{4-37}$$

$$\begin{pmatrix} k_{\text{s}} \cdot \sum_{i=0}^{3} f_{\text{H}0i} S_i^{\text{in}} + k_{\text{m}} \cdot f_{\text{m}} + k_{\text{v}} \cdot f_{\text{v}} \\ k_{\text{s}} \cdot \sum_{i=0}^{3} f_{\text{H}1i} S_i^{\text{in}} \\ k_{\text{s}} \cdot \sum_{i=0}^{3} f_{\text{H}2i} S_i^{\text{in}} \\ k_{\text{s}} \cdot \sum_{i=0}^{3} f_{\text{H}3i} S_i^{\text{in}} \end{pmatrix} = \begin{pmatrix} f_{00} & f_{01} & f_{02} & f_{03} \\ f_{10} & f_{11} & f_{12} & f_{13} \\ f_{20} & f_{21} & f_{22} & f_{23} \\ f_{30} & f_{31} & f_{32} & f_{33} \end{pmatrix} \begin{pmatrix} S_0^{\text{in}} \\ S_1^{\text{in}} \\ S_2^{\text{in}} \\ S_3^{\text{in}} \end{pmatrix} \tag{4-38}$$

可以计算解得 pBRDF 矩阵 f_{pBRDF} 的表达式为

$$\begin{aligned} f_{\text{pBRDF}} &= \begin{pmatrix} f_{00} & f_{01} & f_{02} & f_{03} \\ f_{10} & f_{11} & f_{12} & f_{13} \\ f_{20} & f_{21} & f_{22} & f_{23} \\ f_{30} & f_{31} & f_{32} & f_{33} \end{pmatrix} \\ &= \begin{pmatrix} k_{\text{s}} f_{\text{H}00} + k_{\text{m}} f_{\text{m}} + k_{\text{v}} f_{\text{v}} & k_{\text{s}} f_{\text{H}01} & k_{\text{s}} f_{\text{H}02} & k_{\text{s}} f_{\text{H}03} \\ k_{\text{s}} f_{\text{H}10} & k_{\text{s}} f_{\text{H}11} & k_{\text{s}} f_{\text{H}12} & k_{\text{s}} f_{\text{H}13} \\ k_{\text{s}} f_{\text{H}20} & k_{\text{s}} f_{\text{H}21} & k_{\text{s}} f_{\text{H}22} & k_{\text{s}} f_{\text{H}23} \\ k_{\text{s}} f_{\text{H}30} & k_{\text{s}} f_{\text{H}31} & k_{\text{s}} f_{\text{H}32} & k_{\text{s}} f_{\text{H}33} \end{pmatrix} \end{aligned} \tag{4-39}$$

即 pBRDF 矩阵元素 f_{jk} 表达式可以统一写为

$$\begin{cases} f_{00} = k_{\mathrm{s}} f_{\mathrm{H00}} + k_{\mathrm{m}} f_{\mathrm{m}} + k_{\mathrm{v}} f_{\mathrm{v}} \\ f_{jk} = k_{\mathrm{s}} f_{\mathrm{H}jk} \quad (j, k \text{ 不全为 } 0) \end{cases} \tag{4-40}$$

式 (4-39) 和式 (4-40) 即为本书推导给出的三分量 pBRDF 矩阵 f_{pBRDF} 和 pBRDF 矩阵元素 f_{jk} 表达式.

4.2.4 金属材料三分量 pBRDF 模型

金属的表面比较致密, 与涂层材料的表面形貌特征差异明显, 如图 4-8 ~ 图 4-10 所示. 本书根据金属材料反射特性规律, 研究光与金属材料反射的作用过程.

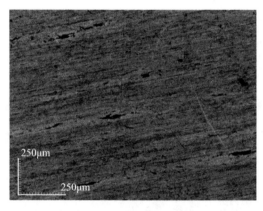

图 4-8 金属铝表面微观形貌

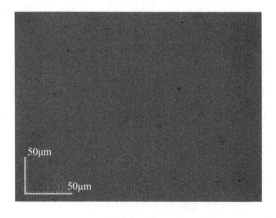

图 4-9 金属铜表面微观形貌

图 4-10   金属铁表面微观形貌

根据本书前面介绍的三分量反射假设, 将金属材料表面反射光分为镜面反射光、多次反射光 (方向性漫反射) 和体散射光 (理想漫反射) 三部分, 如图 4-11 所示.

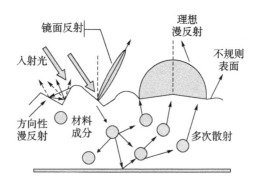

图 4-11   光与目标材料相互作用过程

入射光照射到金属材料表面, 我们认为其表面反射光是由镜面反射、多次反射和体散射三部分组成的, 分别用 f_s、f_m、f_v 来表示. 整个反射过程中我们提出的三分量模型的 BRDF 表达式可以表示为

$$f = k_s \cdot f_s + k_m \cdot f_m + k_v \cdot f_v \tag{4-41}$$

其中, 入射光中发生镜面反射、多次反射和体散射的比例系数分别为 k_s、k_m、k_v.

1. 镜面反射部分

镜面反射光是由入射光与金属材料表面发生作用后的单次反射光形成的, 该部分遵循微面元理论和菲涅耳反射定律, 如图 4-12 所示.

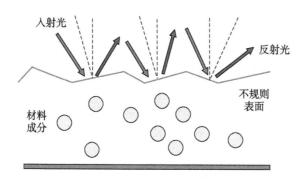

图 4-12　镜面反射分布情况

假设材料表面是由很多高低起伏的表面微元组成的, 每一个小微面元可以看作一个小镜面, 所以每一个微面元满足反射定律. 所有小微面元都是随机分布的, 并且微面元斜率的概率统计分布服从高斯分布函数. 入射光照射到不规则的表面上, 在每一个小微面元都会发生镜面反射. 镜面反射部分的 BRDF 表达式可以通过微面元理论推导得到. 因此镜面反射部分的 BRDF 表达式为

$$f_\mathrm{s}(\theta_\mathrm{i}, \theta_\mathrm{r}, \phi) = \frac{1}{2\pi} \frac{1}{4\sigma^2} \frac{1}{\cos^4 \theta_N} \frac{\exp\left(-\dfrac{\tan^2 \theta_N}{2\sigma^2}\right)}{\cos \theta_\mathrm{r} \cos \theta_\mathrm{i}} F(\beta) \tag{4-42}$$

式中, θ_i 为入射俯仰角; θ_r 为反射俯仰角; ϕ 为入射与反射方位角之差; σ 为表面粗糙度; θ_N 为表面宏观法向与微面原法向的夹角, 即 $\theta_N = |\theta_\mathrm{i} - \theta_\mathrm{r}|/2$.

2. 多次反射部分

对于多次反射, 在一些文献中提到过, 它是入射光经凹凸不平的表面多次反射后形成的, 如图 4-13 所示.

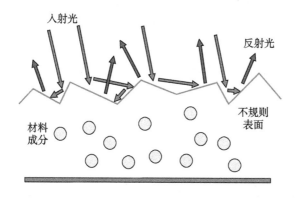

图 4-13　多次反射分布情况

由于多次反射的计算非常复杂, 所以多次反射部分在现存的模型中都是被认为在整个半球空间均匀分布的. 然而多次反射的反射角是与入射微面元的倾斜角相关的, 根据微面元理论, 微面元分布服从高斯分布, 因此多次反射也应该服从特定的分布. 我们可以通过图 4-14 定性地分析多次反射的过程.

从微观角度来看, 金属材料表面是由无数个高低起伏的小微面元组成的, 在一些区域微面元倾斜角大, 另一些区域微面元倾斜角小. 对于具有小倾斜角的微面元 (图 4-14 中区域 1), 其反射光中镜面反射占据主导地位, 并且这种情况下反射角 θ_1 更大. 但是多次反射主要发生在具有大倾斜角的微面元 (如图 4-14 中区域 2) 上, 由于阴影效应, 反射角 θ_2 一般较小. 因此多次反射更多地集中在小反射角处 (近表面法线方向). 也就是说, 在小反射角处会发生更多的多次反射, 在大反射角处多次反射发生的概率相对较小. 为了找到满足要求的数学表达式, 我们对多种不同金属材料以及具有不同表面粗糙度的同种金属材料的实验测量数据进行拟合.

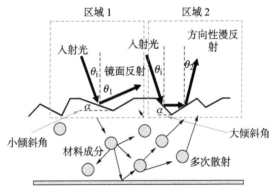

图 4-14   镜面反射和多次反射分布情况

通过我们对金属材料的实验测量结果也发现, 经多次反射形成的多次反射部分确实不是均匀分布的, 而是在反射角为 0° 附近出现峰值, 大反射角处的值较小. 因此对金属材料来说, 多次反射光的空间分布是不均匀的, 计算结果显示, 用高斯分布函数来模拟多次反射部分能够得到最佳效果. 该部分随反射角的变化呈现出一个高斯函数分布, 其表达式为

$$f_{\mathrm{m}} = \frac{1}{\sqrt{2\pi}\sigma_{\mathrm{m}}} \exp\left(\frac{-\theta_{\mathrm{r}}^2}{2\sigma_{\mathrm{m}}^2}\right) \tag{4-43}$$

3. 体散射部分

体散射是由入射光进入材料下表面与材料内部粒子发生多次相互作用后, 由上表面透射出来形成的, 如图 4-15 所示.

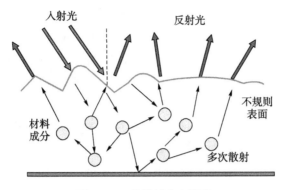

图 4-15 体散射分布情况

入射光子与大量的材料内部粒子发生相互碰撞, 每一次相互作用都会使入射光的方向和偏振态发生改变, 所以多次反射的偏振态也是随机分布的. 但是相互碰撞后光子沿每一个方向移动是等概率的, 所以我们认为体散射光沿每一个方向都有相同的强度, 也就是该部分在整个半球空间是均匀分布的.

$$f_{\mathrm{v}} = 1 \tag{4-44}$$

综合上面的镜面反射、多次反射和体散射三个分量, 金属材料的三分量 BRDF 模型表达式为

$$f = k_{\mathrm{s}} \cdot \frac{1}{2\pi} \frac{1}{4\sigma^2} \frac{1}{\cos^4 \theta_N} \frac{\exp\left(-\dfrac{\tan^2 \theta_N}{2\sigma^2}\right)}{\cos \theta_{\mathrm{r}} \cos \theta_{\mathrm{i}}} F(\beta) + k_{\mathrm{m}} \cdot \cos^N \theta_{\mathrm{r}} + k_{\mathrm{v}} \tag{4-45}$$

表 4-2 给出了三部分反射光的特点.

表 4-2 镜面反射、方向性漫反射和理想漫反射的特点

反射光类型	镜面反射	方向性漫反射	理想漫反射
形成过程	入射光经表面单次反射后形成	入射光在相邻微面元间经过多次反射形成	入射光进入材料内部发生相互作用后由上表面出射形成
三部分反射光的分布特点	镜面反射角处的尖峰	反射角 $-90° \sim 90°$ 范围内呈现中间高, 两端低的分布	在整个半球空间呈现均匀分布
BRDF 表达式	基于微面元理论镜面反射部分表达式	高斯分布	恒定的常数
比例系数	k_{s} 随入射角的增大而增大	恒定值	恒定值
偏振反射特性	具有偏振特性, 满足菲涅耳定律	完全消偏	完全消偏

　　我们将整个的反射过程分为镜面反射、方向性漫反射和理想漫反射部分. 在对几种金属材料的实验测量分析比对后发现, 在不同入射角 θ_i 处, 方向性漫反射和理想漫反射构成的漫反射部分 BRDF 值基本保持不变; 镜面反射部分随着入射角的增大不断增大, 而且入射角越大, 镜面反射峰值增加越显著. 体现在 BRDF 曲线中就是随着入射角增大, 镜面反射峰的值增大, 镜面反射部分系数 k_s 增大. 因此, 我们得到结论: 对于金属材料样品, 我们提出的三分量 BRDF 模型表达式中方向性漫反射和理想漫反射部分的系数 k_m 和 k_v 不随入射角变化, 为一恒定的常数. 而镜面反射部分系数 k_s 随入射角的变化而不同, 即 $k_s(\theta_i)$ 是关于入射角 θ_i 的函数.

　　金属材料 pBRDF 模型的推导过程与本章前面涂层材料 pBRDF 模型表达式的推导过程基本相同, 都是根据 BRDF 定义式中入射光和反射光的 Stokes 矢量与 pBRDF 矩阵的关系, 导出 pBRDF 矩阵的表达式:

$$S^{\text{out}} = f_{\text{pBRDF}} \cdot S^{\text{in}} \tag{4-46}$$

$$
\begin{pmatrix}
k_s \cdot \sum\limits_{i=0}^{3} f_{\text{H}0i} S_i^{\text{in}} + k_m \cdot f_m + k_v \cdot f_v \\
k_s \cdot \sum\limits_{i=0}^{3} f_{\text{H}1i} S_i^{\text{in}} \\
k_s \cdot \sum\limits_{i=0}^{3} f_{\text{H}2i} S_i^{\text{in}} \\
k_s \cdot \sum\limits_{i=0}^{3} f_{\text{H}3i} S_i^{\text{in}}
\end{pmatrix}
=
\begin{pmatrix}
f_{00} & f_{01} & f_{02} & f_{03} \\
f_{10} & f_{11} & f_{12} & f_{13} \\
f_{20} & f_{21} & f_{22} & f_{23} \\
f_{30} & f_{31} & f_{32} & f_{33}
\end{pmatrix}
\begin{pmatrix}
S_0^{\text{in}} \\
S_1^{\text{in}} \\
S_2^{\text{in}} \\
S_3^{\text{in}}
\end{pmatrix}
\tag{4-47}
$$

可以计算解得 pBRDF 矩阵 f_{pBRDF} 的表达式为

$$
\begin{aligned}
f_{\text{pBRDF}} &=
\begin{pmatrix}
f_{00} & f_{01} & f_{02} & f_{03} \\
f_{10} & f_{11} & f_{12} & f_{13} \\
f_{20} & f_{21} & f_{22} & f_{23} \\
f_{30} & f_{31} & f_{32} & f_{33}
\end{pmatrix} \\
&=
\begin{pmatrix}
k_s f_{\text{H}00} + k_m f_m + k_v f_v & k_s f_{\text{H}01} & k_s f_{\text{H}02} & k_s f_{\text{H}03} \\
k_s f_{\text{H}10} & k_s f_{\text{H}11} & k_s f_{\text{H}12} & k_s f_{\text{H}13} \\
k_s f_{\text{H}20} & k_s f_{\text{H}21} & k_s f_{\text{H}22} & k_s f_{\text{H}23} \\
k_s f_{\text{H}30} & k_s f_{\text{H}31} & k_s f_{\text{H}32} & k_s f_{\text{H}33}
\end{pmatrix}
\end{aligned}
\tag{4-48}
$$

即 pBRDF 矩阵元素 f_{jk} 表达式可以统一写为

$$\begin{cases} f_{00} = k_{\mathrm{s}}f_{\mathrm{H00}} + k_{\mathrm{m}}f_{\mathrm{m}} + k_{\mathrm{v}}f_{\mathrm{v}} \\ f_{jk} = k_{\mathrm{s}}f_{\mathrm{H}jk} \quad (j,k \text{ 不全为 } 0) \end{cases} \tag{4-49}$$

式 (4-48) 和式 (4-49) 即为本章推导给出的三分量 pBRDF 矩阵 f_{pBRDF} 和 pBRDF 矩阵元素 f_{jk} 表达式. 能够看出: 金属材料三分量 pBRDF 模型表达式与涂层材料的 pBRDF 表达式形式完全相同, 其区别在于多次反射分量 f_{m} 的表达式不同, 模型表达式中的三个参数 k_{s}、k_{m} 和 k_{v} 的取值也不同.

4.3 pBRDF 模型仿真分析

4.3.1 涂层材料 pBRDF 模型仿真分析

下面对本章给出的涂层材料三分量 pBRDF 模型进行仿真, 分析 pBRDF 模型与表面粗糙度、材料折射率和入射角度之间的关系. 以下模型仿真结果均是在模型参数取值为 $k_{\mathrm{s}} = 1$, $k_{\mathrm{m}} = 0.01$, $k_{\mathrm{v}} = 0.02$, $N = 1$ 条件下进行的. 如图 4-16 和图 4-17 所示, 本书首先利用 MATLAB 对不同表面粗糙度和不同入射角条件下的 BRDF 值 f_{BRDF} 进行了仿真, 得到了 BRDF 值随 θ_{i} 和 ϕ 分布的三维仿真结果.

从图中能够看到, BRDF 分布曲面在镜面反射方向附近存在一个峰值, 在远离镜面反射方向时 BRDF 值较小; 当表面粗糙度较小时, BRDF 曲面峰比较尖锐, 当表面粗糙度较大时, BRDF 曲面峰比较平缓.

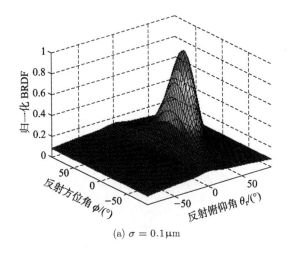

(a) $\sigma = 0.1\mu\mathrm{m}$

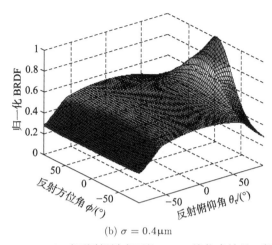

(b) $\sigma = 0.4\mu m$

图 4-16 $n = 1.5$, $\theta_i = 30°$ 时不同粗糙度下的 f_{00} 三维仿真结果 (彩图见封底二维码)

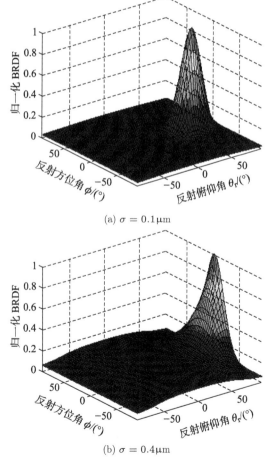

(a) $\sigma = 0.1\mu m$

(b) $\sigma = 0.4\mu m$

图 4-17 $n = 1.5$, $\theta_i = 50°$ 时不同粗糙度下的 f_{00} 三维仿真结果 (彩图见封底二维码)

如图 4-18 和图 4-19 所示, 本书对不同条件下的归一化 pBRDF 矩阵元素进行了仿真.

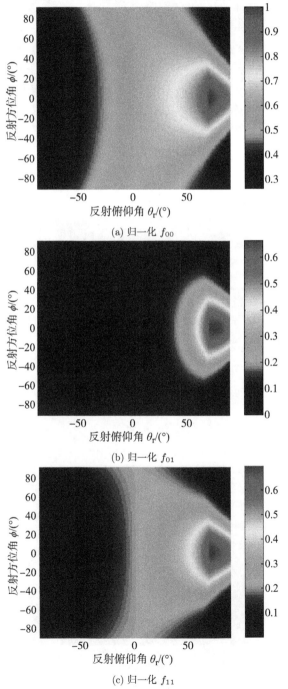

(a) 归一化 f_{00}

(b) 归一化 f_{01}

(c) 归一化 f_{11}

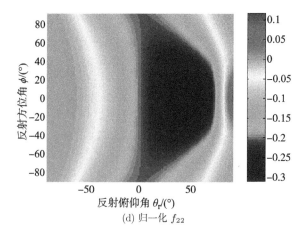

(d) 归一化 f_{22}

图 4-18　$\sigma = 0.3\mu\text{m}$, $n = 1.5$, $\theta_{\text{i}} = 30°$ 时的归一化 $f_{jk}[f_{jk}/\max(f_{00})]$ 仿真效果 (彩图见封底二维码)

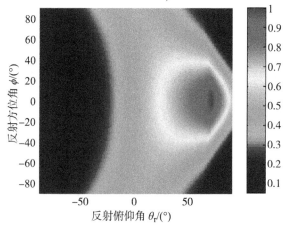

(a) 归一化 f_{00}

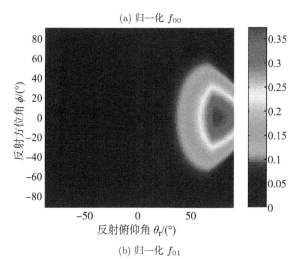

(b) 归一化 f_{01}

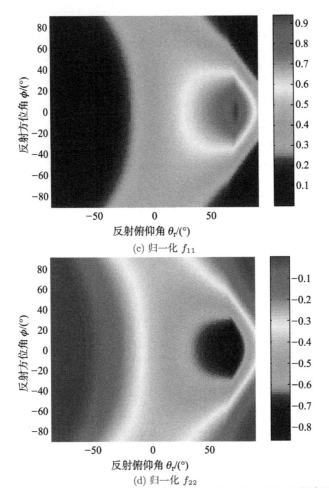

(c) 归一化 f_{11}

(d) 归一化 f_{22}

图 4-19 $\sigma = 0.3\mu m$, $n = 4.5$, $\theta_i = 30°$ 时的归一化 $f_{jk}[f_{jk}/\max(f_{00})]$ 仿真效果 (彩图见封底二维码)

仿真结果显示, f_{00}、f_{01} 和 f_{11} 的值都为正数且分布情况较为相似, 在镜面反射方向附近都存在峰值, 而 f_{22} 的值为负数, 在镜面反射方向附近取到最小值; 当材料折射率 n 的取值变化时, pBRDF 矩阵元素值的分布也发生了变化, 说明不同折射率材料的表面体现出不同的偏振反射特性.

如图 4-20 和图 4-21 所示, 本书给出了共面反射条件下归一化 pBRDF 矩阵元素 $f_{jk}[f_{jk}/\max(f_{00})]$ 在不同入射角 θ_i 和不同材料折射率 n 条件下的仿真曲线.

结果显示, pBRDF 矩阵元素中 f_{00} 的值明显大于其他 f_{jk} 的值, 且与样品材料折射率无关, f_{jk} 峰值的角度位置随入射角增大而增大, 且入射角越大, f_{jk} 曲线峰越尖锐; 当材料折射率较小时, f_{01}、f_{11} 和 f_{22} 的值很小, 接近于零; 而当材料折射率增大时, f_{01}、f_{11} 和 f_{22} 具有较大的值.

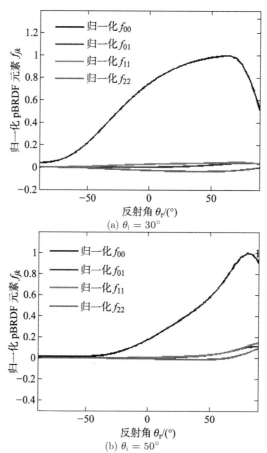

(a) $\theta_i = 30°$

(b) $\theta_i = 50°$

图 4-20 $\sigma = 0.3\mu m$, $n = 1.5$, $\Pi = \pi$ 时的归一化 $f_{jk}[f_{jk}/\max(f_{00})]$ 仿真曲线 (彩图见封底二维码)

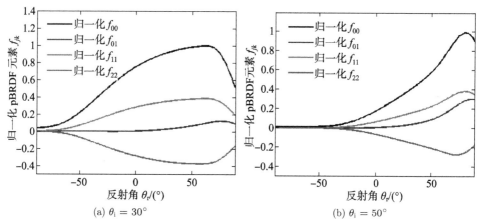

(a) $\theta_i = 30°$ (b) $\theta_i = 50°$

图 4-21 $\sigma = 0.3\mu m$, $n = 4.5$, $\Pi = \pi$ 时的归一化 $f_{jk}[f_{jk}/\max(f_{00})]$ 仿真曲线 (彩图见封底二维码)

4.3.2 金属材料 pBRDF 模型仿真分析

图 4-22 ~ 图 4-25 分别给出了入射角 $\theta_i = 30°$ 和 $\theta_i = 60°$ 条件下, 具有不同表面粗糙度的金属铝 ($\sigma = 0.087\mu\text{m}, 0.142\mu\text{m}$)、金属铜 ($\sigma = 0.070\mu\text{m}$) 和金属铁 ($\sigma = 0.115\mu\text{m}$) 的 pBRDF Mueller 矩阵元素 F_{01}、F_{11} 和 F_{22} 在不同反射角处的归一化值 (F_{jk}/F_{00}) 图 (图中 ϕ 为方位角). 从图中可以看出不同金属材料的偏振反射特性有明显区别.

从图 4-22 和图 4-23 我们可以观察到, 对于同种金属材料, 粗糙度越大, 非镜面峰值现象越明显. 表面粗糙度 $\sigma = 0.142\mu\text{m}$ 的金属铝在 $\theta_i = 30°$ 时, F_{01}、F_{11} 和 F_{22} 的峰值出现在 $\theta_r = 50° \sim 60°$, 并且随着入射角的增大, 非镜面峰值现象更加明显, 由 $\theta_i = 60°$ 时的图可以看出. 而表面粗糙度 $\sigma = 0.087\mu\text{m}$ 的金属铝在 $\theta_i = 30°$ 时, F_{01}、F_{11} 和 F_{22} 的峰值基本出现在镜面反射角 $\theta_r = 30°$ 处. 对于不同种类的金属材料, 粗糙度越小, 反射光的能量越集中, 能量集中在镜面反射角附近区域. 镜面反射光在总反射光中占的比例越大, 漫反射光占的比例越小. 而随着表面粗糙度的增大, 反射光的能量相对来说分布区域较广, 镜面反射光在总反射光中占的比例减小, 漫反射光占的比例增大.

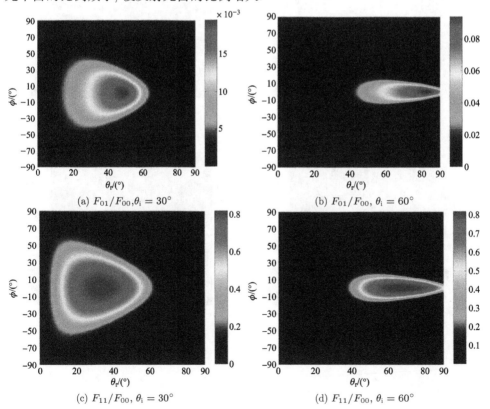

(a) $F_{01}/F_{00}, \theta_i = 30°$

(b) $F_{01}/F_{00}, \theta_i = 60°$

(c) $F_{11}/F_{00}, \theta_i = 30°$

(d) $F_{11}/F_{00}, \theta_i = 60°$

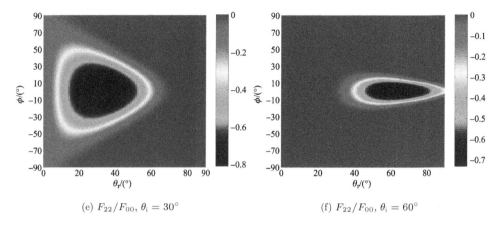

(e) F_{22}/F_{00}, $\theta_i = 30°$ (f) F_{22}/F_{00}, $\theta_i = 60°$

图 4-22 $\sigma = 0.087\mu m$ 的铝在 $\theta_i = 30°$, $60°$ 时 pBRDF Mueller 矩阵元素归一化值
F_{jk}/F_{00}(彩图见封底二维码)

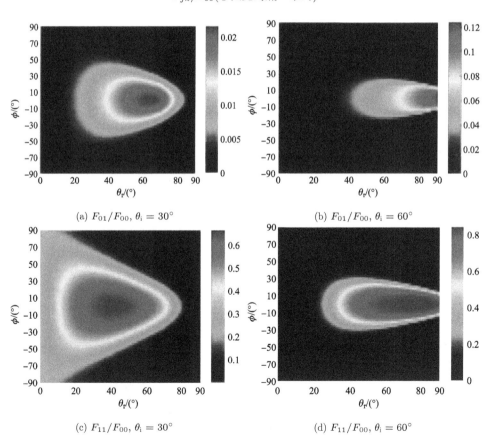

(a) F_{01}/F_{00}, $\theta_i = 30°$ (b) F_{01}/F_{00}, $\theta_i = 60°$

(c) F_{11}/F_{00}, $\theta_i = 30°$ (d) F_{11}/F_{00}, $\theta_i = 60°$

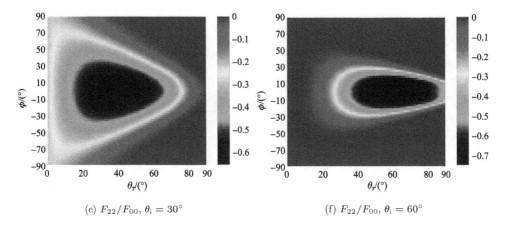

(e) F_{22}/F_{00}, $\theta_{\mathrm{i}} = 30°$　　　　　(f) F_{22}/F_{00}, $\theta_{\mathrm{i}} = 60°$

图 4-23　$\sigma = 0.142\mu\mathrm{m}$ 的铝在 $\theta_{\mathrm{i}} = 30°$, $60°$ 时 pBRDF Mueller 矩阵元素归一化值 F_{jk}/F_{00}(彩图见封底二维码)

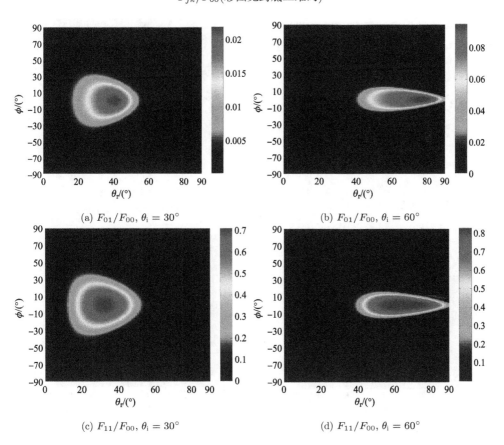

(a) F_{01}/F_{00}, $\theta_{\mathrm{i}} = 30°$　　　　　(b) F_{01}/F_{00}, $\theta_{\mathrm{i}} = 60°$

(c) F_{11}/F_{00}, $\theta_{\mathrm{i}} = 30°$　　　　　(d) F_{11}/F_{00}, $\theta_{\mathrm{i}} = 60°$

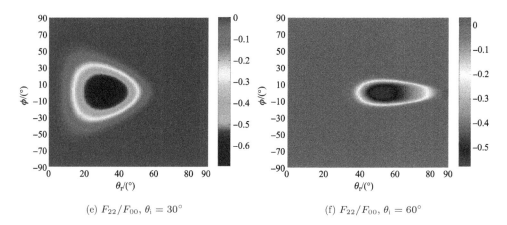

(e) F_{22}/F_{00}, $\theta_i = 30°$ (f) F_{22}/F_{00}, $\theta_i = 60°$

图 4-24 $\sigma = 0.070\mu\text{m}$ 的铜在 $\theta_i = 30°$, $60°$ 时 pBRDF Mueller 矩阵元素归一化值 F_{jk}/F_{00}(彩图见封底二维码)

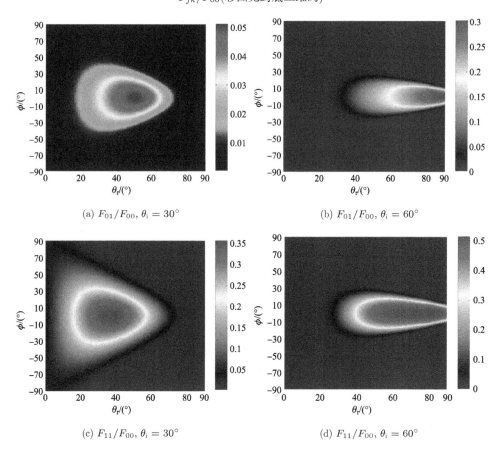

(a) F_{01}/F_{00}, $\theta_i = 30°$ (b) F_{01}/F_{00}, $\theta_i = 60°$

(c) F_{11}/F_{00}, $\theta_i = 30°$ (d) F_{11}/F_{00}, $\theta_i = 60°$

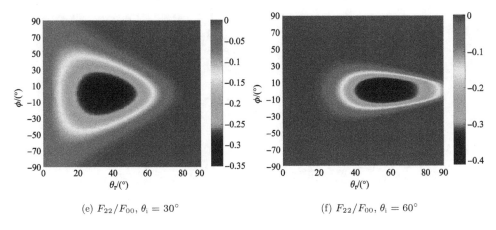

(e) F_{22}/F_{00}, $\theta_i = 30°$ (f) F_{22}/F_{00}, $\theta_i = 60°$

图 4-25 $\sigma = 0.115\mu m$ 的铁在 $\theta_i = 30°$, $60°$ 时 pBRDF Mueller 矩阵元素归一化值 F_{jk}/F_{00}(彩图见封底二维码)

4.4 基于三分量假设的 DOP 模型建立

4.4.1 DOP 模型

1. DOP 理论基础

偏振度 (DOP) 是描述目标表面偏振反射特性的一个重要参数, 是偏振探测、仿真和特征反演的重要指标, 特别在对比度增强和真伪目标识别方面, 发挥着重要的作用, 如图 4-26 和图 4-27 所示. 因此, DOP 表达式的确定至关重要.

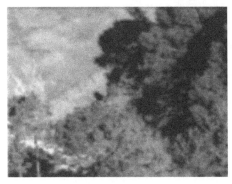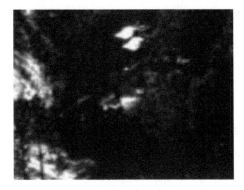

(a) 强度探测   (b) 偏振度探测

图 4-26   树丛中车辆的强度探测和偏振度探测效果对比

(a) 强度探测　　　　　　　　　　　　　　　　(b) 偏振度探测

图 4-27　涂写透明发胶字迹的金属板探测效果对比

部分偏振光可以用图 4-28 所示图形表示, 图中 (a) 表示平行于图面方向电矢量较强的部分偏振光, (b) 表示垂直于图面方向电矢量较强的部分偏振光, (c) 表示光传播方向上任一场点振动矢量的分布.

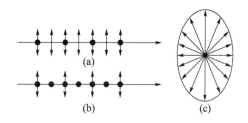

图 4-28　部分偏振光表示

设 $I_{\max}$ 表示某一方向某一部分偏振光的能量最大值, $I_{\min}$ 为在其垂直方向上具有的能量最小值, 一般用

$$\mathrm{DOP} = \frac{I_{\max} - I_{\min}}{I_{\max} + I_{\min}} \tag{4-50}$$

表示偏振的程度, 被称为偏振度. 当 $I_{\max} = I_{\min}$ 时, $\mathrm{DOP} = 0$, 这种情况表示自然光, 因此自然光是 DOP 为 0 的光, 我们也称其为非偏振光; 当 $I_{\min} = 0$ 时, $\mathrm{DOP} = 1$, 这是线偏振光, 线偏振光是 DOP 最大的光.

传统的 DOP 表达式由四个 Stokes 矢量计算得到, 其表达式如下所示:

$$\mathrm{DOP} = \frac{\sqrt{S_1^2 + S_2^2 + S_3^2}}{S_0} \tag{4-51}$$

pBRDF 模型也是获得 DOP 表达式的一种重要途径.

2. 基于 Priest-Germer 模型的 DOP 模型

新墨西哥州立大学的 Thilak 等以微面元的 P-G 模型为基础, 得到了入射光和反射光共面条件下的偏振度表达式. Thilak 等假设反射光中的圆偏振光很微弱. 这种假设不用再将圆偏振部分考虑进去. 此时的 pBRDF 矩阵 f 和 Mueller 矩阵 M 均由 4×4 矩阵简化为 3×3 矩阵

$$f = \begin{pmatrix} f_{00} & f_{01} & f_{02} \\ f_{10} & f_{11} & f_{12} \\ f_{20} & f_{21} & f_{22} \end{pmatrix} \tag{4-52}$$

$$M = \begin{pmatrix} M_{00} & M_{01} & M_{02} \\ M_{10} & M_{11} & M_{12} \\ M_{20} & M_{21} & M_{22} \end{pmatrix} \tag{4-53}$$

在共面测量的条件下 $(\varphi_r - \varphi_i = 180°)$, 菲涅耳反射 3×3 Mueller 矩阵中只有 $M_{00}, M_{01}, M_{10}, M_{11}, M_{22}$ 不为 0, 其他几个元素全都为 0, 并且有 $M_{00} = M_{11}$, $M_{01} = M_{10}$ 和 $f_{00} = f_{11}$, $f_{01} = f_{10}$, 即

$$f = \begin{pmatrix} f_{00} & f_{10} & 0 \\ f_{10} & f_{00} & 0 \\ 0 & M_{10} & f_{22} \end{pmatrix} \tag{4-54}$$

$$M = \begin{pmatrix} M_{00} & M_{10} & 0 \\ M_{10} & M_{00} & 0 \\ 0 & 0 & M_{22} \end{pmatrix} \tag{4-55}$$

在被动照明即入射光 Stokes 矢量为 $(1 \quad 0 \quad 0)^T$ 的条件下, 得到材料表面反射光的 Stokes 矢量

$$\begin{pmatrix} S_0^r \\ S_1^r \\ S_2^r \end{pmatrix} = \begin{pmatrix} f_{00} & f_{10} & 0 \\ f_{10} & f_{00} & 0 \\ 0 & 0 & F_{22} \end{pmatrix} \begin{pmatrix} 1 \\ 0 \\ 0 \end{pmatrix} = \begin{pmatrix} f_{00} \\ f_{10} \\ 0 \end{pmatrix} \tag{4-56}$$

其中, 上标 r 代表反射光的 Stokes 矢量.

因此经材料表面反射光的偏振度表达式为

$$\text{DOP} = \frac{f_{10}}{f_{00}} = \frac{\dfrac{1}{2\pi}\dfrac{1}{4\sigma^2}\dfrac{1}{\cos^4\alpha}\dfrac{\exp\left(-\dfrac{\tan^2\alpha}{2\sigma^2}\right)}{\cos\theta_r\cos\theta_i}M_{10}(\theta_i,\theta_r,\varphi_r-\varphi_i)}{\dfrac{1}{2\pi}\dfrac{1}{4\sigma^2}\dfrac{1}{\cos^4\alpha}\dfrac{\exp\left(-\dfrac{\tan^2\alpha}{2\sigma^2}\right)}{\cos\theta_r\cos\theta_i}M_{00}(\theta_i,\theta_r,\varphi_r-\varphi_i)} = \frac{M_{10}}{M_{00}} \qquad (4\text{-}57)$$

通过以上过程我们能够明显地发现基于 P-G 模型推导得到的 DOP 表达式存在明显的缺陷: 首先, 该 DOP 表达式是一个与表面粗糙度无关的量; 其次, 由于采用的 P-G 模型仅包含镜面反射部分, 忽略了漫反射部分, 所以利用该模型模拟得到的 DOP 值远高于实际的实验测量值.

4.4.2 DOP 通用表达式推导

针对以上存在的缺陷, 我们以三分量 pBRDF 模型为基础, 计算推导得到了适用于金属材料的 DOP 表达式. 该模型将目标表面反射光分为三部分: 镜面反射、多次反射和体散射. 该模型中镜面反射部分加入了几何衰减因子, 该因子的加入可以解决在入射角或观测角近掠射情况下 DOP 值过大的问题, 同时增加的漫反射部分可以有效地降低在不同反射角度处的 DOP 值, 使其更接近实验测量值. 最重要的是基于三分量 pBRDF 模型得到的 DOP 表达式是一个与表面粗糙度相关的量, 更加符合物理规律. 我们在这个过程中还进一步研究了不同入射偏振态条件下材料表面的偏振反射特性规律, 并将实验测量结果用于验证三分量模型的正确性.

在一般的偏振情况下, 入射辐射和散射辐射可以由 Stokes 矢量来表示, 而 pBRDF 值可以由矩阵形式表示, 即

$$\mathrm{d}L_r(\theta_r,\varphi_r) = F(\theta_i,\theta_r,\varphi_r-\varphi_i)\mathrm{d}E(\theta_i,\varphi_i) \qquad (4\text{-}58)$$

这里 F 为 pBRDF Mueller 矩阵, L_r 为反射光 Stokes 矢量, E 为入射光 Stokes 矢量.

$$\begin{pmatrix} S_0^r \\ S_1^r \\ S_2^r \\ S_3^r \end{pmatrix} = \begin{pmatrix} F_{00} & F_{01} & F_{02} & F_{03} \\ F_{10} & F_{11} & F_{12} & F_{13} \\ F_{20} & F_{21} & F_{22} & F_{23} \\ F_{30} & F_{31} & F_{32} & F_{33} \end{pmatrix} \begin{pmatrix} S_0^i \\ S_1^i \\ S_2^i \\ S_3^i \end{pmatrix} \qquad (4\text{-}59)$$

镜面反射部分基于微面元理论, 由目标表面的单次反射光组成:

$$f_{jk}(\theta_{\mathrm{i}}, \theta_{\mathrm{r}}, \varphi) = \frac{1}{2\pi} \frac{1}{4\sigma^2} \frac{1}{\cos^4 \alpha} \frac{\exp\left(-\dfrac{\tan^2 \alpha}{2\sigma^2}\right)}{\cos \theta_{\mathrm{r}} \cos \theta_{\mathrm{i}}} G(\theta_{\mathrm{i}}, \theta_{\mathrm{r}}, \varphi) M_{jk}(\theta_{\mathrm{i}}, \theta_{\mathrm{r}}, \varphi) \qquad (4\text{-}60)$$

多次反射部分由相邻微面元之间的多次反射形成:

$$f_{\mathrm{dd}} = \frac{1}{\sqrt{2\pi}\sigma_{\mathrm{m}}} \exp[-\theta_{\mathrm{r}}^2/(2\sigma_{\mathrm{m}}^2)] \qquad (4\text{-}61)$$

体散射部分是入射光进入目标内部发生相互作用后由表面出射形成的:

$$f_{\mathrm{id}} = 1 \qquad (4\text{-}62)$$

由式 (4-59) 可知

$$\begin{aligned}
S_0^{\mathrm{r}} &= F_{00}S_0^{\mathrm{i}} + F_{01}S_1^{\mathrm{i}} + F_{02}S_2^{\mathrm{i}} + F_{03}S_3^{\mathrm{i}} \\
S_1^{\mathrm{r}} &= F_{10}S_0^{\mathrm{i}} + F_{11}S_1^{\mathrm{i}} + F_{12}S_2^{\mathrm{i}} + F_{13}S_3^{\mathrm{i}} \\
S_2^{\mathrm{r}} &= F_{20}S_0^{\mathrm{i}} + F_{21}S_1^{\mathrm{i}} + F_{22}S_2^{\mathrm{i}} + F_{23}S_3^{\mathrm{i}} \\
S_3^{\mathrm{r}} &= F_{30}S_0^{\mathrm{i}} + F_{31}S_1^{\mathrm{i}} + F_{32}S_2^{\mathrm{i}} + F_{33}S_3^{\mathrm{i}}
\end{aligned} \qquad (4\text{-}63)$$

根据三分量假设下的反射光 Stokes 矢量表达式, 容易得到一般照射条件下反射光 DOP 表达式:

$$S^{\mathrm{out}} = \begin{pmatrix} S_0^{\mathrm{out}} \\ S_1^{\mathrm{out}} \\ S_2^{\mathrm{out}} \\ S_3^{\mathrm{out}} \end{pmatrix} = \begin{pmatrix} k_{\mathrm{s}} \cdot \sum\limits_{i=0}^{3} f_{\mathrm{H}0i} S_i^{\mathrm{in}} + k_{\mathrm{m}} \cdot f_{\mathrm{m}} + k_{\mathrm{v}} \cdot f_{\mathrm{v}} \\ k_{\mathrm{s}} \cdot \sum\limits_{i=0}^{3} f_{\mathrm{H}1i} S_i^{\mathrm{in}} \\ k_{\mathrm{s}} \cdot \sum\limits_{i=0}^{3} f_{\mathrm{H}2i} S_i^{\mathrm{in}} \\ k_{\mathrm{s}} \cdot \sum\limits_{i=0}^{3} f_{\mathrm{H}3i} S_i^{\mathrm{in}} \end{pmatrix} \qquad (4\text{-}64)$$

$$\begin{aligned}
\mathrm{DOP}^{\mathrm{out}} &= \frac{\sqrt{(S_1^{\mathrm{out}})^2 + (S_2^{\mathrm{out}})^2 + (S_3^{\mathrm{out}})^2}}{S_0^{\mathrm{out}}} \\
&= \frac{k_{\mathrm{s}} \sqrt{\left(\sum\limits_{i=0}^{3} f_{\mathrm{H}1i} S_i^{\mathrm{in}}\right)^2 + \left(\sum\limits_{i=0}^{3} f_{\mathrm{H}2i} S_i^{\mathrm{in}}\right)^2 + \left(\sum\limits_{i=0}^{3} f_{\mathrm{H}3i} S_i^{\mathrm{in}}\right)^2}}{k_{\mathrm{s}} \sum\limits_{i=0}^{3} f_{\mathrm{H}0i} S_i^{\mathrm{in}} + k_{\mathrm{m}} f_{\mathrm{m}} + k_{\mathrm{v}} f_{\mathrm{v}}}
\end{aligned} \qquad (4\text{-}65)$$

式 (4-65) 即为一般照射条件下的反射光 DOP 表达式.

4.4.3　自然光照射下的 DOP 表达式推导

当目标处于太阳光被动照射条件下时, 认为入射光的偏振态为随机偏振态, 根据入射光的 Stokes 矢量和三分量 pBRDF 矩阵给出被动照射条件下的反射光 DOP 表达式. 被动照射条件下的入射光归一化 Stokes 矢量表达式为

$$S_{\text{passive}}^{\text{in}} = \begin{pmatrix} 1 & 0 & 0 & 0 \end{pmatrix}^{\text{T}} \tag{4-66}$$

被动照射条件下的反射光 Stokes 矢量表达式为

$$S_{\text{passive}}^{\text{out}} = f_{\text{pBRDF}} \cdot S_{\text{passive}}^{\text{in}} \tag{4-67}$$

$$\begin{pmatrix} S_{0\text{passive}}^{\text{out}} \\ S_{1\text{passive}}^{\text{out}} \\ S_{2\text{passive}}^{\text{out}} \\ S_{3\text{passive}}^{\text{out}} \end{pmatrix} = \begin{pmatrix} k_s f_{\text{H00}} + k_m f_m + k_v f_v & k_s f_{\text{H01}} & k_s f_{\text{H02}} & k_s f_{\text{H03}} \\ k_s f_{\text{H10}} & k_s f_{\text{H11}} & k_s f_{\text{H12}} & k_s f_{\text{H13}} \\ k_s f_{\text{H20}} & k_s f_{\text{H21}} & k_s f_{\text{H22}} & k_s f_{\text{H23}} \\ k_s f_{\text{H30}} & k_s f_{\text{H31}} & k_s f_{\text{H32}} & k_s f_{\text{H33}} \end{pmatrix} \begin{pmatrix} 1 \\ 0 \\ 0 \\ 0 \end{pmatrix}$$

$$= \begin{pmatrix} k_s f_{\text{H00}} + k_m f_m + k_v f_v \\ k_s f_{\text{H10}} \\ k_s f_{\text{H20}} \\ k_s f_{\text{H30}} \end{pmatrix} \tag{4-68}$$

则被动照射条件下的反射光 DOP 表达式为

$$\text{DOP}_{\text{passive}}^{\text{out}} = \frac{\sqrt{(S_{1\text{passive}}^{\text{out}})^2 + (S_{2\text{passive}}^{\text{out}})^2 + (S_{3\text{passive}}^{\text{out}})^2}}{S_{0\text{passive}}^{\text{out}}}$$

$$= \frac{k_s \sqrt{(f_{\text{H10}})^2 + (f_{\text{H20}})^2 + (f_{\text{H30}})^2}}{k_s f_{\text{H00}} + k_m f_m + k_v f_v} \tag{4-69}$$

式 (4-69) 即为被动照射条件下的反射光 DOP 表达式. 在被动偏振探测的实际应用中, 往往认为太阳光中的圆偏振分量很小, 反射过程中的圆偏振效应可以忽略, 则入射光归一化 Stokes 矢量和 pBRDF 矩阵分别可以简化为

$$S_{\text{passive-simp}}^{\text{in}} = \begin{pmatrix} 1 & 0 & 0 \end{pmatrix}^{\text{T}} \tag{4-70}$$

$$f_{\text{pBRDF-simp}} = \begin{pmatrix} f_{00} & f_{01} & f_{02} \\ f_{10} & f_{11} & f_{12} \\ f_{20} & f_{21} & f_{22} \end{pmatrix}$$

$$= \begin{pmatrix} k_s f_{H00} + k_m f_m + k_v f_v & k_s f_{H01} & k_s f_{H02} \\ k_s f_{H10} & k_s f_{H11} & k_s f_{H12} \\ k_s f_{H20} & k_s f_{H21} & k_s f_{H22} \end{pmatrix} \tag{4-71}$$

忽略圆偏振效应后的被动照射条件下的反射光简化 DOP 表达式为

$$\mathrm{DOP}_{\mathrm{passive\text{-}simp}}^{\mathrm{out}} = \frac{\sqrt{(S_{1\mathrm{passive}}^{\mathrm{out}})^2 + (S_{2\mathrm{passive}}^{\mathrm{out}})^2}}{S_{0\mathrm{passive}}^{\mathrm{out}}} = \frac{k_s \sqrt{(f_{H10})^2 + (f_{H20})^2}}{k_s f_{H00} + k_m f_m + k_v f_v} \tag{4-72}$$

本书在第 2 章中提到过, 当入射方向和观测方向满足共面条件时, pBRDF 矩阵中 $f_{H11} = f_{H00}$, $f_{H10} = f_{H01}$, 且 $f_{H02} = f_{H12} = f_{H20} = f_{H21} = 0$, 此时 pBRDF 矩阵可进一步简化为

$$\begin{aligned} f_{\mathrm{pBRDF\text{-}simp\text{-}coplane}} &= \begin{pmatrix} f_{00} & f_{01} & 0 \\ f_{01} & f_{11} & 0 \\ 0 & 0 & f_{22} \end{pmatrix} \\ &= \begin{pmatrix} k_s f_{H00} + k_m f_m + k_v f_v & k_s f_{H01} & 0 \\ k_s f_{H01} & k_s f_{H00} & 0 \\ 0 & 0 & k_s f_{H22} \end{pmatrix} \end{aligned} \tag{4-73}$$

此时反射光 Stokes 矢量可进一步简化为

$$\begin{aligned} S_{\mathrm{passive\text{-}simp\text{-}coplane}}^{\mathrm{out}} &= \begin{pmatrix} k_s f_{H00} + k_m f_m + k_v f_v & k_s f_{H01} & 0 \\ k_s f_{H01} & k_s f_{H00} & 0 \\ 0 & 0 & k_s f_{H22} \end{pmatrix} \begin{pmatrix} 1 \\ 0 \\ 0 \end{pmatrix} \\ &= \begin{pmatrix} k_s f_{H00} + k_m f_m + k_v f_v \\ k_s f_{H01} \\ 0 \end{pmatrix} \end{aligned} \tag{4-74}$$

则满足共面条件时被动照射下的反射光 DOP 简化表达式为

$$\mathrm{DOP}_{\mathrm{passive\text{-}simp}}^{\mathrm{out}} = \frac{\sqrt{(S_{1\mathrm{passive}}^{\mathrm{out}})^2 + (S_{2\mathrm{passive}}^{\mathrm{out}})^2}}{S_{0\mathrm{passive}}^{\mathrm{out}}} = \frac{k_s f_{H01}}{k_s f_{H00} + k_m f_m + k_v f_v} \tag{4-75}$$

可以看到, 本书推导给出反射光 DOP 的表达式不仅包含单次反射分量, 也包含多次反射和体散射分量. 与之前 Thilak 等提出的没有考虑漫反射分量的 DOP 表达式相比, 本书推导给出的 DOP 值比较小, 这是因为单次反射光的 DOP 比较大, 而本书加入考虑的多次反射和体散射效应的反射光都是 DOP 为零的随机偏振光, 因而总反射光 DOP 的值会随之降低.

4.4.4   线偏振光照射下的 DOP 表达式推导

入射光为 $0°$ 线偏振光时, 其 Stokes 矢量表达式为 $\begin{pmatrix} 1 & 1 & 0 & 0 \end{pmatrix}^{\mathrm{T}}$, 此时

$$\begin{pmatrix} S_0^{\mathrm{r}} \\ S_1^{\mathrm{r}} \\ S_2^{\mathrm{r}} \\ S_3^{\mathrm{r}} \end{pmatrix} = \begin{pmatrix} F_{00} & F_{01} & F_{02} & F_{03} \\ F_{10} & F_{11} & F_{12} & F_{13} \\ F_{20} & F_{21} & F_{22} & F_{23} \\ F_{30} & F_{31} & F_{32} & F_{33} \end{pmatrix} \begin{pmatrix} 1 \\ 1 \\ 0 \\ 0 \end{pmatrix} = \begin{pmatrix} F_{00} \\ F_{10} \\ F_{20} \\ F_{30} \end{pmatrix} \tag{4-76}$$

$$\mathrm{DOP}_{0°} = \frac{\sqrt{(F_{10} + F_{11})^2 + (F_{20} + F_{21})^2 + (F_{30} + F_{31})^2}}{F_{00} + F_{01}} \tag{4-77}$$

其中, $\mathrm{DOP}_{0°}$ 表示入射光为 $0°$ 偏振态时计算得到的偏振度值.

同样, 当入射偏振态分别为 $45°$ 偏振、$90°$ 偏振和 $135°$ 偏振时, DOP 表达式分别为

$$\mathrm{DOP}_{45°} = \frac{\sqrt{(F_{10} + F_{12})^2 + (F_{20} + F_{22})^2 + (F_{30} + F_{32})^2}}{F_{00} + F_{02}}$$

$$\mathrm{DOP}_{90°} = \frac{\sqrt{(F_{10} - F_{11})^2 + (F_{20} - F_{21})^2 + (F_{30} - F_{31})^2}}{F_{00} - F_{01}} \tag{4-78}$$

$$\mathrm{DOP}_{135°} = \frac{\sqrt{(F_{10} - F_{12})^2 + (F_{20} - F_{22})^2 + (F_{30} - F_{32})^2}}{F_{00} - F_{02}}$$

我们同样假设反射光中圆偏振分量是很微弱的, 这与我们对绝大多数自然照明表面的一般理解是一致的, 这种假设使得 4×4 的 pBRDF Mueller 矩阵 F 简化为 3×3 的矩阵. 又由于我们的所有实验测量均是在同一个平面内 (入射平面内) 进行的, 所以简化后的 3×3 Mueller 矩阵中只有 $F_{00}, F_{01}, F_{10}, F_{11}, F_{22}$ 不为 0, 其他几个元素全都为 0, 由于三分量 pBRDF 模型考虑了漫反射部分, 而且该漫反射部分全都作用在 F_{00} 元素上, 所以对于三分量 pBRDF Mueller 矩阵元素来说, $F_{00} \neq F_{11}$, $F_{01} = F_{10}$, 在以上假设的前提下, pBRDF Mueller 矩阵简化为

$$F = \begin{pmatrix} F_{00} & F_{10} & 0 \\ F_{10} & F_{11} & 0 \\ 0 & 0 & F_{22} \end{pmatrix} \tag{4-79}$$

由入射光 Stokes 矢量、反射光 Stokes 矢量与 pBRDF Mueller 矩阵三者之

间的关系可知, 在自然光被动照明条件下, 有

$$
\begin{pmatrix} S_0^{\mathrm{r}} \\ S_1^{\mathrm{r}} \\ S_2^{\mathrm{r}} \end{pmatrix} = \begin{pmatrix} F_{00} & F_{10} & 0 \\ F_{10} & F_{11} & 0 \\ 0 & 0 & F_{22} \end{pmatrix} \begin{pmatrix} 1 \\ 0 \\ 0 \end{pmatrix} = \begin{pmatrix} F_{00} \\ F_{10} \\ 0 \end{pmatrix} \tag{4-80}
$$

这时, 入射面内的 DOP 表达式为

$$
\mathrm{DOP} = \frac{F_{10}}{F_{00}} = \frac{k_{\mathrm{s}} f_{10}}{k_{\mathrm{s}} f_{00} + k_{\mathrm{dd}} f_{\mathrm{dd}} + k_{\mathrm{id}} f_{\mathrm{id}}} \tag{4-81}
$$

入射光在不同入射偏振态条件下的线偏振度表达式分别如下:

$$
\begin{aligned}
\mathrm{DOLP}_{0^\circ} &= \frac{F_{10} + F_{11}}{F_{00} + F_{10}} = \frac{k_{\mathrm{s}}(f_{10} + f_{11})}{k_{\mathrm{s}}(f_{00} + f_{10}) + k_{\mathrm{dd}} f_{\mathrm{dd}} + k_{\mathrm{id}} f_{\mathrm{id}}} \\
\mathrm{DOLP}_{45^\circ} &= \frac{\sqrt{F_{10}^2 + F_{22}^2}}{F_{00}} = \frac{k_{\mathrm{s}} \sqrt{f_{10}^2 + f_{22}^2}}{k_{\mathrm{s}} f_{00} + k_{\mathrm{dd}} f_{\mathrm{dd}} + k_{\mathrm{id}} f_{\mathrm{id}}} \\
\mathrm{DOLP}_{90^\circ} &= \frac{F_{10} - F_{11}}{F_{00} - F_{10}} = \frac{k_{\mathrm{s}}(f_{10} - f_{11})}{k_{\mathrm{s}}(f_{00} - f_{10}) + k_{\mathrm{dd}} f_{\mathrm{dd}} + k_{\mathrm{id}} f_{\mathrm{id}}} \\
\mathrm{DOLP}_{135^\circ} &= \frac{\sqrt{F_{10}^2 + (-F_{22})^2}}{F_{00}} = \frac{k_{\mathrm{s}} \sqrt{f_{10}^2 + f_{22}^2}}{k_{\mathrm{s}} f_{00} + k_{\mathrm{dd}} f_{\mathrm{dd}} + \mathrm{k}_{\mathrm{id}} f_{\mathrm{id}}}
\end{aligned} \tag{4-82}
$$

4.5　DOP 模型仿真分析

4.5.1　涂层材料 DOP 仿真分析

　　基于上文给出的 DOP 模型表达式, 本节对被动照射条件下的反射光 DOP 分布进行仿真, 对 DOP 与表面粗糙度、入射角和材料折射率之间的影响关系进行分析. 下面对 DOP 进行的仿真分析都是在模型参数 $k_{\mathrm{s}} = 1$, $k_{\mathrm{m}} = 0.01$, $k_{\mathrm{v}} = 0.02$ 和 $N = 1$ 的条件下进行的. 如图 4-29 ～ 图 4-31 所示, 给出了被动照明条件下的反射光 DOP 随 θ_{r} 和 ϕ 分布的仿真结果, 并对 DOP 仿真结果与表面粗糙度、入射角和材料折射率之间的关系进行讨论.

　　从仿真结果中能够看到, 被动照射条件下反射光 DOP 的分布情况与 BRDF 的分布相似: 在镜面反射方向达到峰值, 在远离镜面反射角方向的值很小, 几乎为零; 当表面粗糙度较小时 DOP 曲面峰比较尖锐, 当表面粗糙度较大时 DOP 曲面峰比较宽而平缓; 当入射角越大时, DOP 曲面峰的方向朝大反射角处移动, 而且 DOP 曲面峰具有更大的值; 当材料的折射率取值不同时, DOP 的分布也发生变化, 当材料折射率较小时 DOP 曲面的峰值较大.

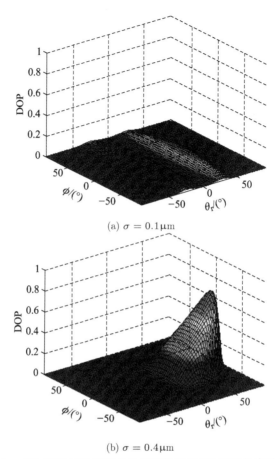

(a) $\sigma = 0.1 \mu m$

(b) $\sigma = 0.4 \mu m$

图 4-29 $n = 4.5$, $\theta_i = 30°$ 时的被动照射条件下反射光 DOP 三维仿真效果 (彩图见封底二维码)

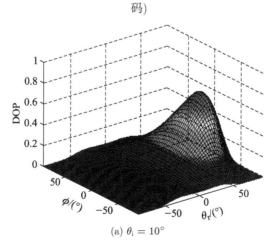

(a) $\theta_i = 10°$

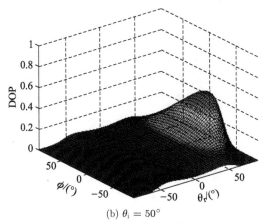

(b) $\theta_i = 50°$

图 4-30 $\sigma = 0.1\mu m$, $n = 4.5$ 时的被动照射条件下反射光 DOP 三维仿真效果 (彩图见封底二维码)

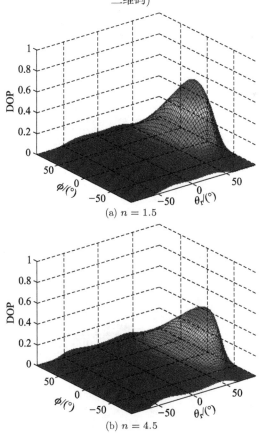

(a) $n = 1.5$

(b) $n = 4.5$

图 4-31 $\sigma = 0.2\mu m$, $\theta_i = 30°$ 时的被动照射条件下反射光 DOP 三维仿真效果 (彩图见封底二维码)

从上述 DOP 的仿真结果可以发现, 目标材料在自然光照射条件下的反射光 DOP 与表面粗糙度、光入射角和材料复折射率三个变量相关, 即这三个因素影响目标的被动偏振特性, 且目标材料的起偏特性与表面粗糙度成反比, 与入射角成正比. 这正是在自然光环境下的偏振探测时光滑表面与粗糙表面偏振特性存在差异, 不同光照条件下的偏振特性存在差异, 以及不同类别材料的偏振特性存在差异的原因所在.

4.5.2　金属材料 DOP 仿真分析

下面我们对典型金属材料在被动照射条件下的反射光 DOP 分布进行仿真, 对 DOP 与表面粗糙度、入射角和材料折射率之间的影响关系进行分析. 与一般介质的区别在于, 金属材料的折射率一般为带有虚部的复数. 下面对 DOP 进行的仿真分析都是在模型参数 $k_s = 1$, $k_m = 0.01$, $k_v = 0.02$ 和 $N = 1$ 的条件下进行的. 如图 4-32 ~ 图 4-34 所示, 给出了被动照明条件下的反射光 DOP 随 θ_r 和 ϕ 分布的仿真结果, 并对 DOP 仿真结果与表面粗糙度、入射角和材料折射率之间的关系进行讨论.

从仿真结果中能够看到, 被动照射条件下反射光 DOP 的分布情况与 BRDF 的分布相似: 在镜面反射方向达到峰值, 在远离镜面反射角方向的值很小, 几乎为零; 当表面粗糙度较小时 DOP 曲面峰分布比较集中, 当表面粗糙度较大时 DOP 曲面峰分布比较集中; 当入射角越大时, DOP 曲面峰的方向朝大反射角处移动, 但 DOP 的峰值都比较小; 当金属材料的复折射率取值不同时, DOP 的分布也发生变化.

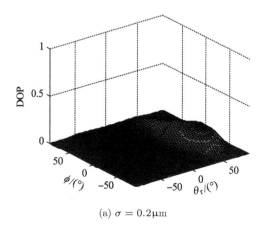

(a) $\sigma = 0.2\mu m$

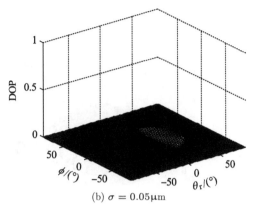

(b) $\sigma = 0.05\mu m$

图 4-32 $n = 0.4 + 3i$, $\theta_i = 30°$ 时的被动照射条件下反射光 DOP 三维仿真效果 (彩图见封底二维码)

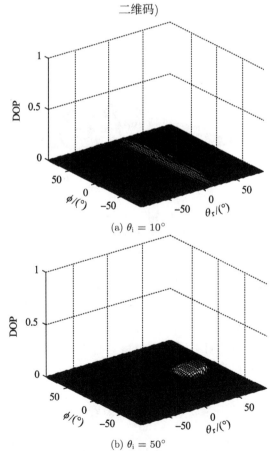

(a) $\theta_i = 10°$

(b) $\theta_i = 50°$

图 4-33 $\sigma = 0.05\mu m$, $n = 0.4 + 3i$ 时的被动照射条件下反射光 DOP 三维仿真效果 (彩图见封底二维码)

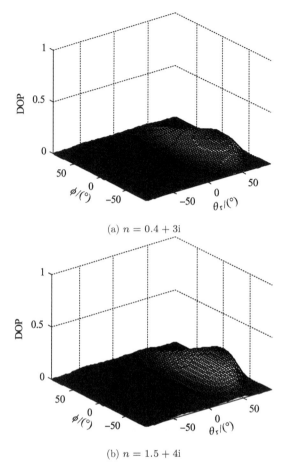

(a) $n = 0.4 + 3i$

(b) $n = 1.5 + 4i$

图 4-34 $\sigma = 0.2\mu m$, $\theta_i = 30°$ 时的被动照射条件下反射光 DOP 三维仿真效果 (彩图见封底二维码)

从上述 DOP 的仿真结果可以发现, 金属材料在自然光照射条件下的反射光 DOP 与表面粗糙度、光入射角和材料复折射率三个变量相关, 但金属材料的起偏特性随表面粗糙度的变化幅度不大. 与涂层材料相比, 金属材料在自然光照射下的起偏特性明显较弱, 体现出不同类别材料具有不同的起偏特性, 为不同类别材料的偏振探测分类识别提供了可能性.

4.6   小   结

光的反射、透射或吸收作用取决于很多因素, 包括几何结构、材料特性、波长等. 反射定律和折射定律给出了反射和透射光的方向. 菲涅耳公式给出了能量在反射光和透射光之间是如何分布的, 描述了理想表面反射、折射与透射过程的偏振特性, 但是它无法直接应用到目标偏振特性的建模与应用上: 一是菲涅耳公式只适用于完全光滑的理想表面, 实际上所有目标的表面都不可能达到这样理想的情况; 二是菲涅耳公式描述的偏振反射特性是正交偏振特性, 并没有显示反射作用前后 Stokes 矢量变化的全偏振反射特性.

Hyde 模型由于其合理的物理假设和较高的模拟精度而被认为代表了现有 pBRDF 模型的最高水平, 但 Hyde 模型仍然存在着严重的不足, 其模拟精度仍不能够满足目标偏振特性仿真与应用的要求. Hyde 模型对于漫反射效应强烈材料的模拟误差非常大, 这是由于其对漫反射分量的处理过于简单, 将漫反射当作理想朗伯反射过程, 认为漫反射光在各反射方向均匀分布.

本章考虑散射作用之后, 认为反射作用是由三部分组成的, 除了单次反射和多次反射之外, 还存在体散射, 体散射光是指入射光与表面作用后进入材料内部, 与材料发生作用后又射出表面的那一部分反射光. 在处理反射光的偏振态时, 本章认为镜面反射光遵循菲涅耳定律, 多次反射光出射方向和出射偏振态经历了多次改变, 可认为是随机偏振光; 体散射光穿透表面之后, 与内部材料的作用十分复杂, 因此认为体散射过程也是完全消偏的, 即反射光中多次反射光和体散射光都是随机偏振光, 而反射光中的偏振光部分全部是由单次反射产生的.

本章推导给出了基于三分量假设的 pBRDF 模型, 并根据入射光的 Stokes 矢量和三分量 pBRDF 矩阵给出被动照射条件下的反射光 DOP 表达式. 从仿真结果可见, 自然光照射条件下的反射光 DOP 与表面粗糙度、光入射角和材料复折射率三个变量相关, 且目标起偏特性与表面粗糙度成反比, 与入射角成正比. 这正是在自然光环境下的偏振探测时光滑表面与粗糙表面偏振特性存在差异, 不同光照条件下的偏振特性存在差异, 以及不同类别材料的偏振特性存在差异的原因所在.

第 5 章　典型材料偏振特性测量与模型参数确定

5.1　典型材料表面形貌特征测量

5.1.1　金属材料表面形貌特征测量

不论在民用还是军用上, 很多人造目标都是由金属材料构成的, 研究金属材料的二向反射分布特性和偏振反射特性对于目标偏振探测至关重要, 深刻地了解光与金属材料发生相互作用的过程能够为研究金属材料的反射特性奠定坚实的理论基础. 我们选取金属铜、铁和 3 种不同粗糙度的铝共 5 种样品作为实验材料进行测量. 通过实验测量数据与本书提出的三分量 pBRDF 模型间的对比验证模型的有效性.

在测量金属材料的 pBRDF 前, 必须首先确定材料的表面粗糙度. 采用日本 OLYMPUS 公司生产的激光共聚焦扫描显微镜 (confocal laser scanning microscope), 如图 5-1 所示, 激光共聚焦扫描显微镜主要用于金相显微组织观察、材料表面显微形貌观察、表面粗糙度测量、薄膜厚度测量等, 可进行三维显微形貌观察, 具有图像拼接功能, 可实现高分辨率、广视场范围的数据采集. 我们通过激光共聚焦扫描显微镜可以获取 5 种金属材料的表面形貌特征参数.

图 5-1　激光共聚焦扫描显微镜

我们使用激光共聚焦显微镜对 5 种金属材料的表面形貌进行了测量, 获得了样品二维形貌和三维形貌, 见图 5-2 ～ 图 5-5, 并得到了 5 种金属材料的表面粗糙度参数.

1. 金属铝的表面形貌测量结果

图 5-2 ～ 图 5-4 给出了金属铝的二维形貌和三维形貌.

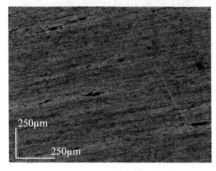 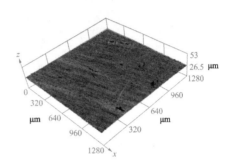

(a) 二维形貌　　　　　　　　　　　　(b) 三维形貌

图 5-2　表面粗糙度 $\sigma = 0.087\mu m$ 的金属铝表面二维形貌和三维形貌

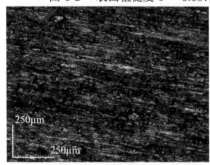 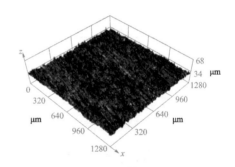

(a) 二维形貌　　　　　　　　　　　　(b) 三维形貌

图 5-3　表面粗糙度 $\sigma = 0.142\mu m$ 的金属铝表面二维形貌和三维形貌

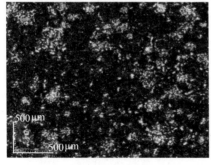 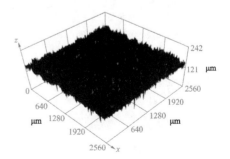

(a) 二维形貌　　　　　　　　　　　　(b) 三维形貌

图 5-4　表面粗糙度 $\sigma = 0.782\mu m$ 的金属铝表面二维形貌和三维形貌

2. 金属铜和铁的表面形貌测量结果

图 5-5 给出了另外两种金属铜和铁的二维形貌.

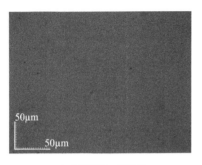
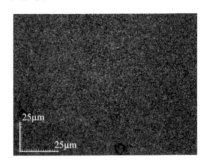

(a) 金属铜的二维形貌   (b) 金属铁的二维形貌

图 5-5 $\sigma = 0.070\mu m$ 的金属铜和 $\sigma = 0.115\mu m$ 的金属铁的表面二维形貌

5 种金属材料的表面粗糙度如表 5-1 所示.

表 5-1   5 种金属材料的表面粗糙度

金属材料	铜	铁	铝 1	铝 2	铝 3
表面粗糙度 $\sigma/\mu m$	0.070	0.115	0.087	0.142	0.782

5.1.2   涂层材料表面形貌特征测量

原子力显微镜对被测试材料样品表面微观形貌特征的测试结果如图 5-6 和图 5-7 所示. 样品表面粗糙度测试结果见表 5-2.

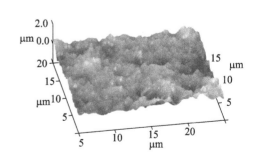

(a) 二维形貌   (b) 三维形貌

图 5-6   SR107 表面微观形貌测试结果

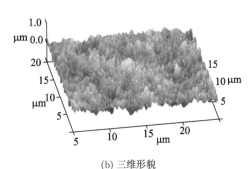

(a) 二维形貌

(b) 三维形貌

图 5-7　　S781 表面微观形貌测试结果

表 5-2　　涂层材料样品表面粗糙度测试结果

样品类别	热控涂层材料	
样品名称	SR107	S781
粗糙度 $\sigma/\mu\mathrm{m}$	0.216	0.112

5.2　偏振反射特性实验测量

5.2.1　偏振反射特性实验测量方法

测量 BRDF 可分为绝对测量与相对测量 [305-312]. 绝对测量在不使用任何参考标准的情况下进行, 而相对测量则是利用已知反射比的参考标准样品与被测试样作比较的测量.

1. 绝对测量

由 BRDF 的定义式 (2-1) 可知, 直接测定 BRDF 的方法是分别用照度计和亮度计测出入射光谱辐照度和反射光谱辐亮度, 两者之比即为 BRDF. 这种测量方法虽简单, 但误差很大. 在辐射学中, 照度的测量比其他光度量的测量用得更加广泛, 通常测亮度是使用一台照度计, 由测量辐射源像的照度来确定材料辐射的亮度, 这样实现起来比较麻烦且精度也不高.

较好的绝对测量方法是引入二向反射系数 β, 它与 BRDF 间的关系为

$$\beta\left(\theta_{\mathrm{i}}, \varphi_{\mathrm{i}}; \theta_{\mathrm{r}}, \varphi_{\mathrm{r}}\right) = \pi\left(\theta_{\mathrm{i}}, \varphi_{\mathrm{i}}; \theta_{\mathrm{r}}, \varphi_{\mathrm{r}}\right) \tag{5-1}$$

中科院安徽光机所研制了一套全自动测量几乎所有可能条件下的绝对二向反射系数的测定仪, 由此确定 BRDF[313].

2. 相对测量

应用比较广泛的还是借助参考试样对 BRDF 做相对测量. 相对测量又可分为比对测试法和单一参考标准测试法.

(1) 比对测试法

因方位上反射特性的变化甚小, 常将式 (5-1) 中的 $\beta(\theta_i, \varphi_i; \theta_r, \varphi_r)$ 写成 $\beta(\theta_i, \theta_r)$. 反射系数的测量用比对的方法来实现, 即在同一个变角测试装置上, 对于待测样品和标准样品, 光束入射和出射方式均相同, 从而有

$$\beta_S(\theta_i, \theta_r) = \frac{V_S(\theta_i, \theta_r)}{V_r(\theta_i, \theta_r)} \beta_B(\theta_i, \theta_r) \tag{5-2}$$

式中, V_S, V_r 分别为待测样品和标准样品由探测器得到的输出电压, 如果知道标准样品的反射系数 $\beta_B(\theta_i, \theta_r)$, 待测样品的反射系数 $\beta_S(\theta_i, \theta_r)$ 可以计算出来. 中科院长春光机所基于上述测试原理, 设计了紫外-真空紫外变角测试系统 [314]. 国外比对法测试直接由式 (5-2) 得到待测样品的 BRDF[315]:

$$\rho_S = \rho_r \cdot V_S/V_r \tag{5-3}$$

这里需要标准试样 ρ_r 的所有数据, 但测试近似朗伯面的参考试样与未知试样相比, 还是容易得多. 中国测试技术研究院搭建了 BRDF 的测量装置, 该装置可以测量可见光和红外两个波段的 BRDF[316].

(2) 单一参考标准测试法

采用单一参考标准测试法, 如式 (5-4) 所示, 即对参考试样只在某一特定角度测量一次:

$$\rho_S = \rho_r \cdot \frac{V_S}{V_r} \frac{\cos\theta_r}{\cos\theta_S} \tag{5-4}$$

式中, θ_r、θ_S 分别为标准样品和待测样品的反射天顶角. 该测试法需预先对探测器依照 $\cos\theta_r$ 进行定标.

5.2.2 偏振反射特性实验测量系统

选择好实验样品并且材料本身的基本光学参数确定后, 我们搭建实验光路对多种不同金属材料的 BRDF 进行实验测量.

1. 实验仪器

实验过程中选择的测量仪器为美国 MELLES GRIOT 生产的 632.8nm 的 He-Ne 激光器, 以及 LM-5 硅探头激光功率计 (4 个探测波长, 包括 632.8nm)、测量转台、测量旋转臂、角度控制系统和接收端控制系统.

2. 实验测量样品

我们选取的实验测量样品为不同粗糙度的 3 种不同金属材料铝、铜和铁, 对于金属材料铝, 我们又选取了 3 种具有不同表面粗糙度的铝片, 如图 5-8 所示.

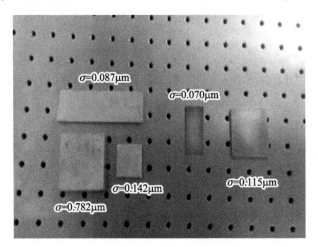

图 5-8 5 种具有不同粗糙度的金属材料实验样品

3. 实验光路设计

我们的实验光路设计主要有三大部分: 光源系统 (照明端)、探测系统 (接收端)、距离和角度控制系统 (控制端), 如图 5-9 所示. 下面我们就每一部分进行简单的介绍.

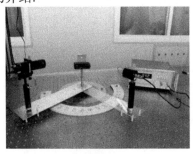

(a) 原始测量系统

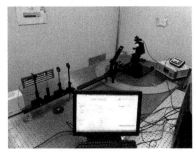

(b) 自动测量系统

图 5-9 BRDF 实验测量系统光路实物图

1) 光源系统

光源方面我们选择的是美国 MELLES GRIOT 公司生产的 632.8nm 的 He-Ne 激光器, 该光源具有很高的消光比, 表现出长时间良好的稳定性, 可获得高分辨率下重复性好、准确度高的测量. 在确定光源位置方面, 我们通过一个固定的半圆量角器和旋转测量臂结合的方式来确定. 将光源架到旋转测量臂上并固定, 由于旋转臂是绕着测量转台的中心轴转动, 因此保证了在不同角度入射时入射端与样品表面间的距离保持不变; 在不同的入射角处通过移动旋转臂的位置, 使旋转臂的中心刻度与半圆量角器的角度刻度保持平齐, 这样便能精确控制入射角的大小, 并且通过微调光源位置使照射到样品表面的光斑刚好位于测量转台的中心和半圆量角器的圆心处.

2) 探测系统

探测端采用的是 LM-5 硅探头激光功率计. 与照明端相似, 探测端同样加入了测量旋转臂, 将探测器固定在旋转臂的孔内, 可以确保测量过程中探测器与样品间距离始终保持不变; 探测器在不同的角度位置接收反射光时, 使探测器旋转臂的中心刻度始终和半圆量角器处不同的反射角刻度平齐, 精确地控制探测器的接收方向. 在确定某一反射角后, 在该角度附近微调探测器入光孔, 观察探测器读数找到最大值位置, 该位置测得的即为反射光强值, 由此可以获得反射角在 $-80° \sim 80°$ 范围内的测量值.

3) 距离和角度控制系统

通过半圆量角器和两个旋转测量臂实现照明端和接收端与样品间的距离以及入射角和反射角的大小的控制. 将半圆量角器固定在光学平台上, 将夹持样品的测量转台固定在半圆量角器的直径位置, 使转台中心与量角器圆心重合. 入射光照射到样品表面的点即以该圆心为参考点, 该点也是探测器探测点的位置. 将光源和探测器分别固定在两个旋转臂上移动, 能够精确地保证测量过程中光源和探测器分别与样品的距离保持不变. 移动旋转臂过程中由于旋转臂中心刻度可以保证始终与某一入射角或反射角刻度保持平齐, 所以可以精确地控制入射角和反射角的大小.

图 5-10 给出了实际的 BRDF 测量原理图. 从图中可以看出, 在不同入射角处, 光源和样品点间的距离保持不变; 在不同反射角处, 功率计与样品点间的距离

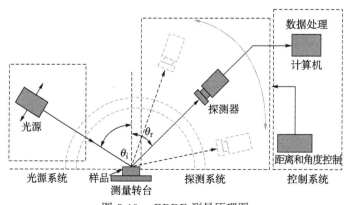

图 5-10 BRDF 测量原理图

也能保持为恒定值.

5.2.3 偏振反射特性实验测量过程

通过实验测量获取不同入射角和反射角条件下的 pBRDF 数据, 即各 θ_i 和 θ_r 条件下入射光 Stokes 参数与反射光 Stokes 参数之间的关系, 这就需要控制和测量入射光和反射光 $0°$、$45°$、$90°$、$135°$ 偏振分量的强度. 在控制入射光偏振态方面, 由于本书使用的激光源是完全线偏振的光源, 因此只需要一个标定好角度的可旋转偏振片, 配合偏振片调整激光源的角度, 获得上述四个偏振角度的线偏振光源; 在测量反射光 Stokes 参数方面, 本书在探测器入光孔前放置一个可旋转偏振片作为检偏器, 测量时分别将偏振片旋转至 $0°$、$45°$、$90°$、$135°$ 偏振光通过的状态, 这就能够从探测器上读取反射光在这四个偏振方向分量的强度值 $I_{0°}$、$I_{45°}$、$I_{90°}$、$I_{135°}$, 进而通过定义式计算出反射光的 Stokes 参数以及 pBRDF 矩阵.

在实际操作上, 本书首先确定激光的入射角, 并利用偏振片标定好入射光偏振角度 ($0°$、$45°$、$90°$、$135°$ 中的一个), 将探测器放置于所需角度处, 并调整四次前置偏振片的偏振光通过方向, 通过改变探测器的位置, 读取和记录探测器在各个反射角度下的通过光强读数, 如图 5-11 所示.

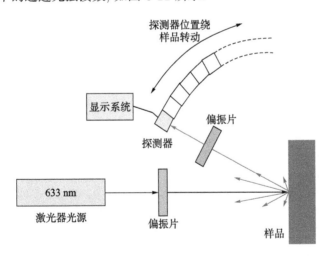

图 5-11 pBRDF 测量示意图

在进行 pBRDF 实验测量时, 当光源入射方向与探测接收方向很接近, 或出现无法进行测量获取数据的现象时, 本书称之为 "同向遮挡效应", 如图 5-12 所示. 产生同向遮挡效应的原因是探测器或光源装置会占据测量光路的空间位置, 造成对入射光或反射光路线的遮挡, 不管光源和探测器的位置如何设置都无法避免, 进而造成入射方向与探测方向很接近时一些 pBRDF 实验测量数据的缺失.

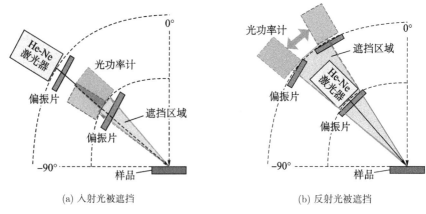

(a) 入射光被遮挡　　　　　　　　　　　　(b) 反射光被遮挡

图 5-12　pBRDF 测量同向遮挡效应示意图

测量过程中我们保持入射光方位角和反射光方位角之差为 $0°$ (即 $\varphi_i - \varphi_r = 0°$). 将不同入射角条件下测量的数据分别导出到 Excel 表格中记录, 便于后期数据处理. 我们以表 5-3 为例, 显示的是入射角为 $60°$ 的条件下, 部分反射角处的 BRDF 值.

表 5-3　实验数据记录方式 (60° 入射)

反射角/(°)	探测器功率/(×0.001μW)	反射角余弦值	BRDF 值
−40	119	0.766	155.3525
−30	155	0.866	178.9838
−20	188	0.9397	200.0639
−10	208	0.9848	211.2104
0	224	1	224
10	246	0.9848	249.7969
20	252	0.9397	268.1707
30	313	0.866	361.4319
40	476	0.766	621.4099
50	699	0.6428	1087.43
60	815	0.5	1630

5.2.4　实验误差及误差控制

1. 照明系统误差

照明光源的电压会随着时间的变化而变化, 入射光强度就会随之变化, 这样光源的稳定性可能对实验测量产生一定的误差. 我们在实验过程中将光源打开后首先预热一段时间, 在打开光源后的一段时间内强度读数会上升, 之后会趋于稳定. 经预热后的光源稳定性较好, 在测量过程中能够降低实验测量误差; 另一方面, 实验过程中外界杂散光也会对实验过程造成影响, 为减小该部分光对实验过程的影响, 我们在暗室环境下进行实验, 暗室环境下探测器上显示读数为 0, 说明暗室环境能够很好地解决杂散光对实验测量造成的影响.

2. 探测系统误差

探测系统采用的是 LM-5 型硅探头激光功率计, 该功率计有 5 个波长 (633nm, 670nm, 850nm, 1300nm, 1550nm). 由于我们选取的光源波长为 632.8nm, 所以激光功率计选择 633nm 的挡位, 探测精度为 $2\mu W \sim 200mW$, 根据不同材料在不同反射角处的反射光功率大小选取合适的测量挡位. 对于输出读数不稳定而是在两相邻数字间变化的情况取二者的平均值, 这样可以尽可能地提高测量精度以减小误差; 另一方面的误差来源于探测器的信噪比.

3. 距离和角度控制系统误差

测量过程中光源和探测器与样品间的距离发生变化以及入射角和反射角定位不准都会对实验测量产生很大影响, 造成实验误差. 在距离控制方面, 我们采用自己设计的两个旋转测量臂, 分别将光源和探测器安装到测量臂上, 始终保持光源和探测器分别与样品的距离保持不变; 在角度控制方面, 由于半圆量角器本身带有精确的角度刻度, 所以只需将固定光源和探测器的旋转臂的中心刻度始终与半圆量角器上的入射角和反射角刻度保持平齐即可保证入射角和反射角的精度. 通过以上操作在整个测量过程中便能最大限度地降低测量误差.

5.3 三分量 pBRDF 模型参数确定与分析

5.3.1 模型参数确定

总的 BRDF 值是由镜面反射 f_s、方向性漫反射 f_{dd} 和理想漫反射 f_{id} 与入射光中参与形成以上三部分反射光的比例系数 k_s、k_{dd} 和 k_{id} 的乘积决定的. 表 5-4 给出了三部分反射光的特点.

表 5-4 镜面反射、方向性漫反射和理想漫反射的特点

反射光类型	镜面反射	方向性漫反射	理想漫反射
形成过程	入射光经表面单次反射后形成	入射光在相邻微面元间经过多次反射形成	入射光进入材料内部发生相互作用后由上表面出射形成
分布特点	镜面反射角处的尖峰	反射角 $-90° \sim 90°$ 范围内呈现中间高, 两端低的分布	在整个半球空间呈现均匀分布

续表

反射光类型	镜面反射	方向性漫反射	理想漫反射
BRDF 表达式	基于微面元理论镜面反射部分表达式	高斯分布	恒定的常数
比例系数	k_s 随入射角的增大而增大	恒定值	恒定值
偏振反射特性	具有偏振特性, 满足菲涅耳定律	完全消偏	完全消偏

由于光滑表面材料的表面起伏很小, 而且表面比较致密, 因此反射过程只有单次反射, 几乎不存在多次反射和体散射效应, 此时 pBRDF 模型中的 k_m 和 k_v 的值都为零, 反射能量全部集中在镜面反射方向附近, 只有在反射角 θ_r 等于入射角 θ_i 的情况下能够体现出材料的偏振反射特性, 因此可认为光滑表面材料的偏振反射特性满足三分量 pBRDF 模型的特殊情况, 此时 pBRDF 模型可以简化为菲涅耳公式. 粗糙表面材料的表面起伏比较剧烈, 且表面疏松多孔, 因此多次反射和体散射效应非常显著, 需要确定三分量 pBRDF 模型中所有的参数来对其偏振反射特性进行描述和仿真.

$$f_{\mathrm{BRDF}} = k_s \cdot f_s + k_m \cdot f_m + k_v \cdot f_v \tag{5-5}$$

式 (5-5) 为三分量 BRDF 表达式, 式中, f_s、f_m 和 f_v 分别表示镜面反射分量、多次反射分量和体散射分量, k_s、k_m 和 k_v 分别为三个分量的比例系数. 对于 BRDF 和 pBRDF, 由于其具体数值受入射光强度的影响, 本书更关心的是反射光在各方向上的分布特性规律, 而非具体数值, 因此本书下面研究归一化的 BRDF 和 pBRDF, 此时三分量 BRDF 可写为

$$f_{\mathrm{BRDF\text{-}nor}} = f_s + \frac{k_m}{k_s} \cdot f_m + \frac{k_v}{k_s} \cdot f_v \tag{5-6}$$

对于光滑表面材料, 由于不存在多次反射分量和体散射分量, 实际上不需要确定模型参数, 而对于粗糙表面材料, 本书通过 BRDF 实验测量数据与模型曲线拟合的方式来确定多次反射和体散射的归一化比例系数, 以及多次反射分量表达式中余弦函数的指数. 如图 5-13 所示, 本书将三分量 BRDF 模型与两种热控涂层材料的偏振反射实验测量数据进行拟合, 根据最佳拟合结果确定模型参数.

通过数据拟合, 本书确定了不同入射角下两种热控涂层材料的归一化模型比例系数 k_m/k_s 和 k_v/k_s, 如表 5-5 所示, 而多次反射分量表达式中余弦函数指数 $N = 0.55$, 不随入射角的变化而变化.

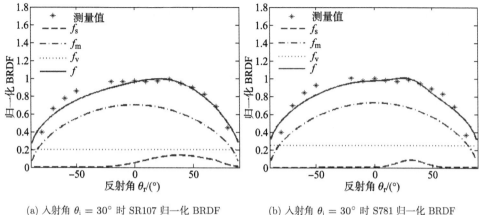

(a) 入射角 $\theta_i = 30°$ 时 SR107 归一化 BRDF　　　(b) 入射角 $\theta_i = 30°$ 时 S781 归一化 BRDF

图 5-13　两种热控涂层材料三分量 BRDF 模型仿真与实验测量结果

表 5-5　两种热控涂层材料的归一化模型比例系数

入射角 θ_i	0°	10°	20°	30°	40°	50°	60°	70°	80°
SR107 k_m/k_s	0.500	0.467	0.400	0.368	0.350	0.350	0.350	0.329	0.295
k_v/k_s	0.143	0.133	0.114	0.105	0.100	0.100	0.100	0.094	0.084
S781 k_m/k_s	1.400	1.037	0.848	0.737	0.651	0.571	0.538	0.467	0.438
k_v/k_s	0.400	0.296	0.242	0.211	0.186	0.163	0.154	0.133	0.125

根据上面确定的模型参数, 适用于两种热控涂层材料的归一化 BRDF 模型表达式为

$$
\begin{aligned}
f_{\text{BRDF-nor}} =& \frac{1}{2\pi} \frac{1}{4\sigma^2} \frac{1}{\cos^4 \theta_N} \frac{\exp\left(-\dfrac{\tan^2 \theta_N}{2\sigma^2}\right)}{\cos\theta_r \cos\theta_i} \\
& \cdot G(\theta_i, \theta_r, \sigma) F(\beta) + \frac{k_m}{k_s} \cdot \cos^{0.55}\theta_r + \frac{k_v}{k_s}
\end{aligned}
\tag{5-7}
$$

将三分量 pBRDF 表达式除以单次反射分量的比例系数 k_s, 就能够得到归一化的三分量 pBRDF 矩阵表达式

$$
f_{\text{pBRDF-nor}} = \frac{1}{k_s} f_{\text{pBRDF}} = \begin{pmatrix} f_{H00} + \dfrac{k_m}{k_s}f_m + \dfrac{k_v}{k_s}f_v & f_{H01} & f_{H02} & f_{H03} \\ f_{H10} & f_{H11} & f_{H12} & f_{H13} \\ f_{H20} & f_{H21} & f_{H22} & f_{H23} \\ f_{H30} & f_{H31} & f_{H32} & f_{H33} \end{pmatrix}
\tag{5-8}
$$

只要将通过 BRDF 数据确定的两种热控涂层材料的归一化比例系数 $k_{\mathrm{m}}/k_{\mathrm{s}}$ 和 $k_{\mathrm{v}}/k_{\mathrm{s}}$ 以及多次反射分量表达式中的指数 N 代入三分量 pBRDF 模型中, 就可以得到两种热控涂层材料的归一化 pBRDF 模型表达式.

虽然比例系数 $k_{\mathrm{m}}/k_{\mathrm{s}}$ 和 $k_{\mathrm{v}}/k_{\mathrm{s}}$ 由实验数据拟合给出, 但本书可以从物理角度对比例系数的规律进行一些定性分析. 由表 5-5 可以看出, 入射角越大, $k_{\mathrm{v}}/k_{\mathrm{s}}$ 的值就越小, 这是因为入射角增大时, 菲涅耳反射率 F 也增大, 入射光中发生反射作用的部分越多, 发生透射作用的部分越少, 因此镜面反射光与体散射光的比例就越大, 即体散射分量与镜面反射分量的比例系数 $k_{\mathrm{v}}/k_{\mathrm{s}}$ 值就越小. SR107 和 S781 的比例系数随入射角的变化都具有指数函数的趋势, 根据实验测量数据拟合结果, 本节给出了比例系数 $k_{\mathrm{m}}/k_{\mathrm{s}}$ 和 $k_{\mathrm{v}}/k_{\mathrm{s}}$ 的经验公式, 如式 (5-9) ~ 式 (5-12) 所示, 比例系数测量值和经验公式曲线如图 5-14 所示.

$$k_{\mathrm{m}}/k_{\mathrm{s\text{-}SR107}} = 0.2065 \times 0.8946^{0.28\theta_{\mathrm{i}}} + 0.2984 \tag{5-9}$$

$$k_{\mathrm{v}}/k_{\mathrm{s\text{-}SR107}} = 0.03868 \times 0.5295^{0.814\theta_{\mathrm{i}}} + 0.1038 \tag{5-10}$$

$$k_{\mathrm{m}}/k_{\mathrm{s\text{-}S781}} = 0.9362 \times 0.9767^{1.705\theta_{\mathrm{i}}} + 0.4383 \tag{5-11}$$

$$k_{\mathrm{v}}/k_{\mathrm{s\text{-}S781}} = 0.2746 \times 2.319^{-0.04549\theta_{\mathrm{i}}} + 0.1193 \tag{5-12}$$

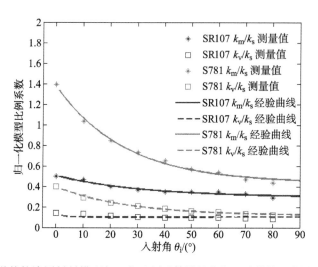

图 5-14   两种热控涂层材料模型归一化比例系数测量值与经验曲线 (彩图见封底二维码)

5 种金属材料在不同入射角条件下的 k_{s} 值如表 5-6 和表 5-7 所示. 表中给出的系数是针对特定的材料和粗糙度样品给出的, 目的是验证三分量 BRDF 模型数学表达式具有普适性. 表 5-6 说明了对于具有不同粗糙度的同种材料来说, 反射光中三分量的比例不同. 表 5-7 也清晰地表明模型中的三个分量系数的比例是随材料不同而变化的. 我们认为三分量的比例既随着材料的不同而变化, 也随着粗糙度的不同而变化, 证明了本书提出的模型在理论上是合理的.

表 5-6 不同表面粗糙度的金属铝在不同入射角时的 k_s 值

粗糙度 \ 入射角 θ_i	0°	10°	20°	30°	40°	50°	60°	70°	80°
$\sigma = 0.087\mu m$	508	532	565	590	615	636	660	685	711
$\sigma = 0.142\mu m$	280	300	350	380	400	400	400	425	475
$\sigma = 0.782\mu m$	50	66	80	102	125	142	160	178	198

表 5-7 三种不同金属材料 (铝、铜和铁) 在不同入射角时的 k_s 值

粗糙度 \ 入射角 θ_i	0°	10°	20°	30°	40°	50°	60°	70°	80°
铝 $\sigma = 0.142\mu m$	280	300	350	380	400	400	400	425	475
铜 $\sigma = 0.070\mu m$	100	135	165	190	215	245	260	300	320
铁 $\sigma = 0.115\mu m$	115	130	145	165	185	200	215	237	260

5.3.2 模型适用性验证

我们将实验测量结果与三分量 BRDF 模型的模拟结果进行对比, 确定模型中需要的参数值. 镜面反射部分依然采用基于微面元理论的 Torrance-Sparrow 模型中的镜面反射表达式, 方向性漫反射 $f_{dd} = \dfrac{1}{\sqrt{2\pi}\sigma_m} \exp\left[-\theta_r^2/(2\sigma_m^2)\right]$, 理想漫反射部分为 $f_{id} = 1$. 通过 5 种金属材料的实验测量结果与模型拟合, 我们得到了当 $\sigma_m = 0.7$, $k_{dd} = 900$, $k_{id} = 25$ 时, BRDF 曲线中方向性漫反射和理想漫反射构成的漫反射部分与在不同入射角条件下得到的实验数据能很好地吻合, 镜面反射部分系数 k_s 随入射角增大而增大. 最终我们得到适用于金属材料的三分量 BRDF 模型表达式为

$$
\begin{aligned}
f =& k_s \cdot \frac{1}{2\pi} \frac{1}{4\sigma^2} \frac{1}{\cos^4\alpha} \frac{\exp[-\tan^2\alpha/(2\sigma^2)]}{\cos\theta_r \cos\theta_i} G(\theta_i, \theta_r) \\
& + 900 \frac{1}{\sqrt{2\pi}\sigma_m} \exp[-\theta_r^2/(2\sigma_m^2)] + 25
\end{aligned} \tag{5-13}
$$

将 5 种金属材料的实验测量数据与本书提出的三分量 BRDF 模型进行对比, 在不同反射角处, 归一化后的结果 $f/f(\theta_i)$ 如图 5-15 ∼ 图 5-19 所示.

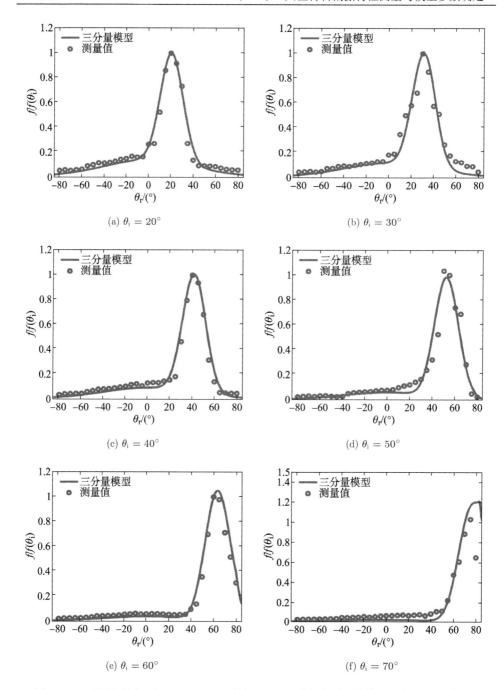

图 5-15　不同入射角下 $\sigma = 0.087\mu\mathrm{m}$ 的铝 BRDF 值与实验测量值对比的归一化曲线

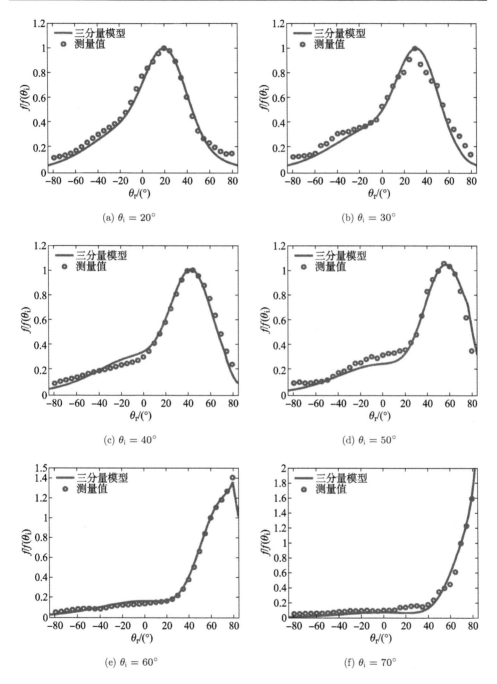

(a) $\theta_i = 20°$

(b) $\theta_i = 30°$

(c) $\theta_i = 40°$

(d) $\theta_i = 50°$

(e) $\theta_i = 60°$

(f) $\theta_i = 70°$

图 5-16 不同入射角下 $\sigma = 0.142\mu m$ 的铝 BRDF 值与实验测量值对比的归一化曲线

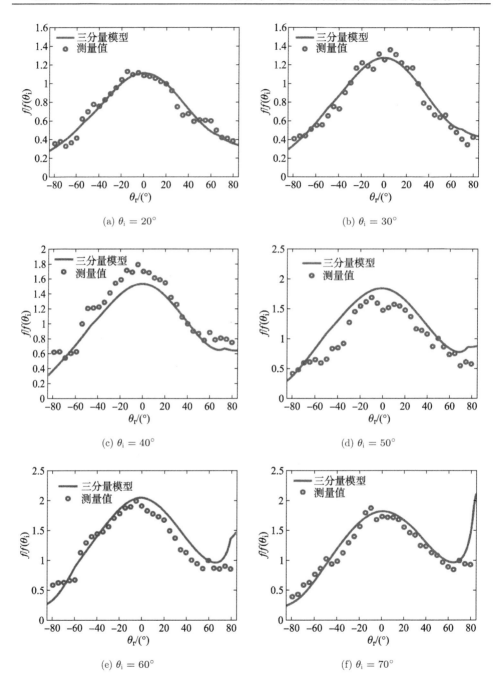

图 5-17　不同入射角下 $\sigma = 0.782\mu m$ 的铝 BRDF 值与实验测量值对比的归一化曲线

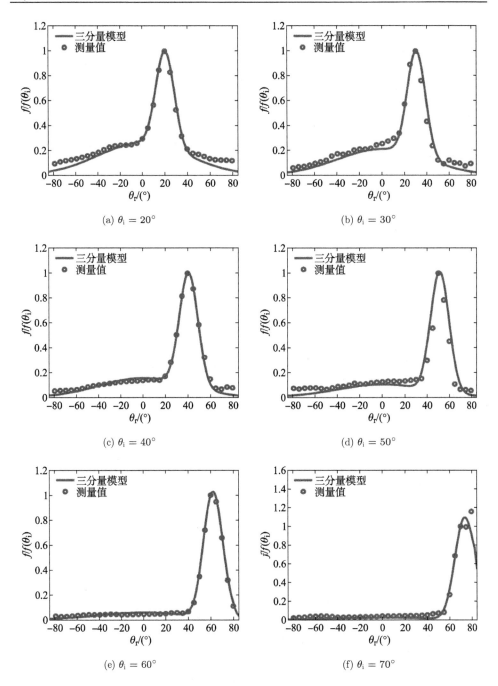

图 5-18   不同入射角下 $\sigma = 0.070\mu m$ 的铜 BRDF 值与实验测量值对比的归一化曲线

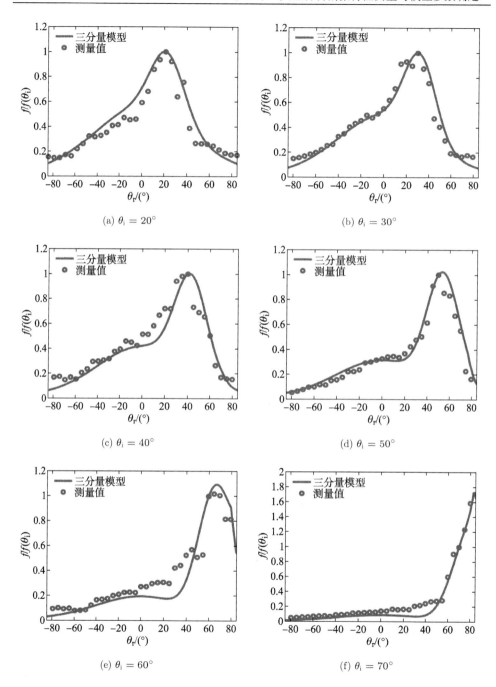

(a) $\theta_i = 20°$

(b) $\theta_i = 30°$

(c) $\theta_i = 40°$

(d) $\theta_i = 50°$

(e) $\theta_i = 60°$

(f) $\theta_i = 70°$

图 5-19　不同入射角下 $\sigma = 0.115\mu m$ 的铁 BRDF 值与实验测量值对比的归一化曲线

在图 5-15 ~ 图 5-19 中, 通过三分量 BRDF 模型与三种金属材料的实验测量值的对比, 我们发现实验测量值总能与模型较好地吻合. 图 5-15 ~ 图 5-17 表示的是具有不同表面粗糙度的同种金属材料铝在不同入射角条件下的 BRDF 值与实验测量值对比的归一化曲线, 说明该模型对于具有不同粗糙度的同种材料是适用的. 从图中可以看出, 表面粗糙度越小, 镜面反射部分所占的比例越大, 反射能量越集中, 镜面峰值随着入射角的增大而增大. 当表面粗糙度很大时 (如 $\sigma = 0.782\mu m$ 时), 反射光中漫反射部分占主导, 如图 5-17 所示. 在不同反射角处, 曲线基本一致, 镜面反射峰值湮没在漫反射中, 呈现出一个 θ_r 在 $0°$ 附近的峰值, 在 $0°$ 两侧 BRDF 值逐渐下降. 进而结合图 5-18 和图 5-19 可知, 本书提出的三分量 BRDF 模型对于不同种类的材料同样具有适用性.

5.3.3 模型误差分析

为了验证三分量 BRDF 模型的精度, 我们将该模型和 T-S 模型与 $\sigma = 0.087\mu m$, $\sigma = 0.142\mu m$ 的两种金属铝, $\sigma = 0.070\mu m$ 的金属铜, 以及 $\sigma = 0.115\mu m$ 的金属铁在入射角 $20° \sim 70°$ 条件下的实验测量数据进行对比, 结果如图 5-20 ~ 图 5-23 所示.

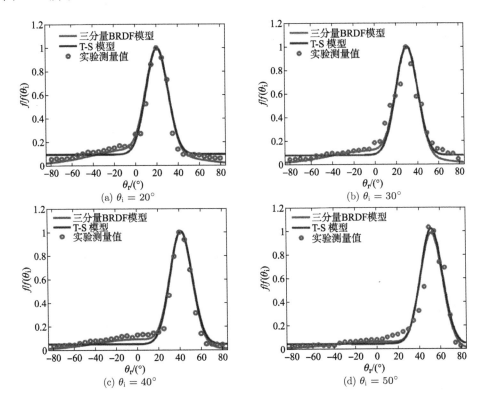
(a) $\theta_i = 20°$ (b) $\theta_i = 30°$
(c) $\theta_i = 40°$ (d) $\theta_i = 50°$

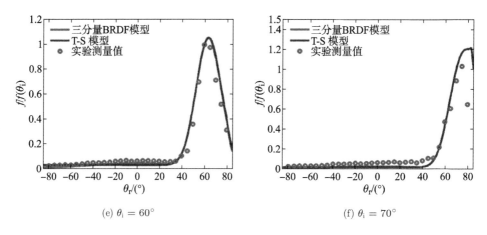

(e) $\theta_i = 60°$　　　　　　　　　　　　　　(f) $\theta_i = 70°$

图 5-20　不同入射角下 $\sigma = 0.087\mu m$ 的铝三分量 BRDF 模型、T-S 模型与实验测量值对比的归一化曲线 (彩图见封底二维码)

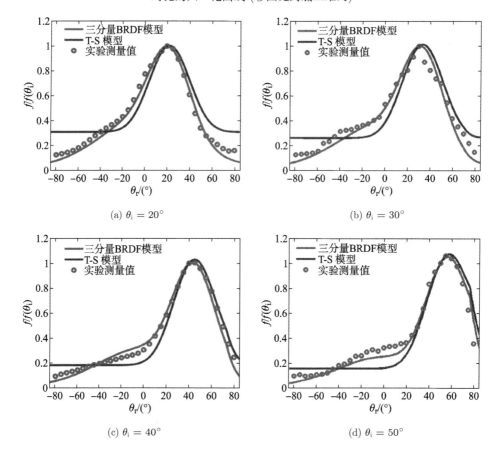

(a) $\theta_i = 20°$　　　　　　　　　　　　　　(b) $\theta_i = 30°$

(c) $\theta_i = 40°$　　　　　　　　　　　　　　(d) $\theta_i = 50°$

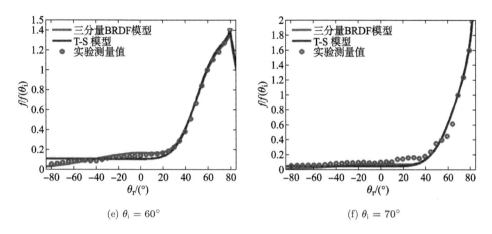

图 5-21 不同入射角下 $\sigma = 0.142\mu m$ 的铝三分量 BRDF 模型、T-S 模型与实验测量值
对比的归一化曲线 (彩图见封底二维码)

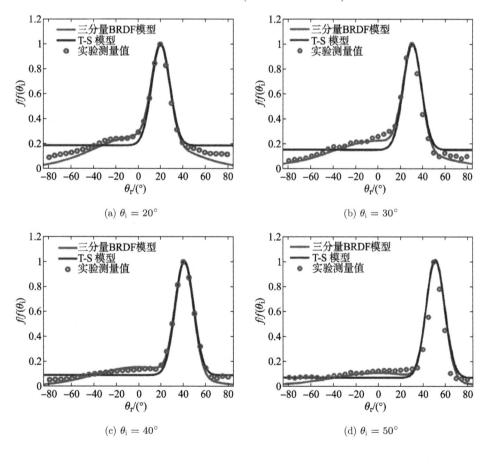

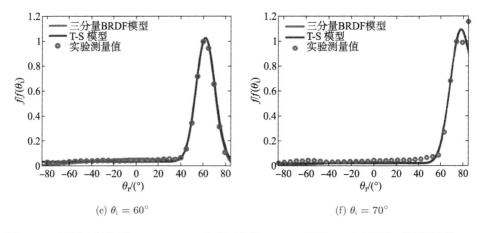

(e) $\theta_i = 60°$　　　　　　　　　　　　　　(f) $\theta_i = 70°$

图 5-22　不同入射角下 $\sigma = 0.070\mu m$ 的铜三分量 BRDF 模型、T-S 模型与实验测量值
对比的归一化曲线 (彩图见封底二维码)

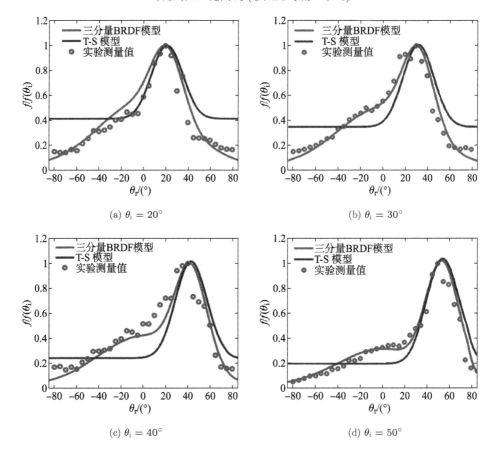

(a) $\theta_i = 20°$　　　　　　　　　　　　　　(b) $\theta_i = 30°$

(c) $\theta_i = 40°$　　　　　　　　　　　　　　(d) $\theta_i = 50°$

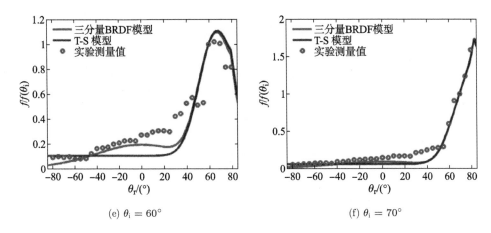

(e) $\theta_i = 60°$ (f) $\theta_i = 70°$

图 5-23 不同入射角下 $\sigma = 0.115\mu m$ 的铁三分量 BRDF 模型、T-S 模型与实验测量值
对比的归一化曲线 (彩图见封底二维码)

从图 5-20 ~ 图 5-23 中可以看出, 在不同入射角处三分量 BRDF 模型的模拟
曲线更加接近实验测量值. 所以对于金属材料, 该模型相较于 T-S 模型在精度上
有了明显的提高. 我们分别在入射角为 20° ~ 70° 条件下, 计算出 T-S 模型与实
验测量值之间的均方根误差 RMSE1 和三分量 BRDF 模型与实验测量值之间的
均方根误差 RMSE2, 如表 5-8 ~ 表 5-11 所示.

表 5-8 $\sigma = 0.087\mu m$ 的金属铝两种模型与测量值间的均方根误差

入射角	20°	30°	40°	50°	60°	70°
RMSE1	0.0504	0.0621	0.0549	0.0621	0.0703	0.1527
RMSE2	0.0363	0.0545	0.0445	0.0556	0.0662	0.1430
百分比	27.98%	12.24%	18.94%	10.47%	5.83%	6.35%

表 5-9 $\sigma = 0.142\mu m$ 的金属铝两种模型与测量值间的均方根误差

入射角	20°	30°	40°	50°	60°	70°
RMSE1	0.4860	0.0993	0.0584	0.1181	0.0310	0.0626
RMSE2	0.1702	0.0555	0.0395	0.0712	0.0221	0.0534
百分比	64.98%	44.11%	32.36%	39.71%	28.61%	14.70%

表 5-10　　$\sigma = 0.070\mu m$ 的金属铜两种模型与测量值间的均方根误差

入射角	20°	30°	40°	50°	60°	70°
RMSE1	0.2272	0.0742	0.0308	0.0673	0.0192	0.0521
RMSE2	0.1732	0.0457	0.0229	0.0554	0.0155	0.0427
百分比	23.77%	38.41%	25.65%	17.68%	19.15%	18.04%

表 5-11　　$\sigma = 0.115\mu m$ 的金属铁两种模型与测量值间的均方根误差

入射角	20°	30°	40°	50°	60°	70°
RMSE1	0.1921	0.1555	0.1765	0.1187	0.1396	0.0874
RMSE2	0.0913	0.0495	0.0865	0.0565	0.1054	0.0781
百分比	52.47%	68.17%	50.99%	52.40%	24.50%	10.64%

从表 5-8 ~ 表 5~11 中可以看出, 在不同入射角处 RMSE2 较 RMSE1 均有
所下降, 特别是在小角度入射条件下, 下降尤为明显. 由于 T-S 模型中漫反射部分
认为服从朗伯定律, 在每一个入射角度处均为恒定值, 但是实验测量结果显示漫
反射部分并不是在每个角度处都是恒定值, 所以我们针对漫反射部分存在的问题,
提出了将漫反射部分分解为方向性漫反射部分和理想漫反射部分. 方向性漫反射
部分服从高斯分布, 理想漫反射部分服从朗伯定律. 在这种修正的基础上, 各种金
属材料在 6 个不同入射角度处的 RMSE 绝大部分下降至少 20%, 并且对于一些
金属材料, 在某些角度处的误差甚至下降了 60% 以上. 所以这些表进一步证明了
三分量 BRDF 模型相较于 T-S 模型在模型精度上有了明显的提高, 并且三分量
BRDF 模型能够更加精确地描述金属材料在整个半球空间的反射能量分布. 该模
型还能为我们接下来研究金属材料的偏振反射特性提供一定的理论基础.

5.4　小　　结

为确定目标材料偏振反射模型 BRDF 和 pBRDF 表达式, 利用激光共聚焦扫
描显微镜获取了 5 种金属材料和 2 种涂层材料的表面形貌特征参数.

设计和搭建 pBRDF 实验测量系统, 实验系统测量仪器包括 632.8nm He-Ne
激光器、LM-5 硅探头激光功率计、测量转台、测量旋转臂、角度控制系统和接收
端控制系统; 实验光路设计包括光源系统 (照明端)、探测系统 (接收端)、距离和

角度控制系统 (控制端).

实验测量时, 首先确定激光的入射角, 并利用偏振片标定好入射光偏振角度, 将探测器放置于所需角度处, 并调整四次前置偏振片的偏振光通过方向, 通过改变探测器的位置, 读取和记录探测器在各个反射角度下的通过光强读数. 实验误差主要来源于照明系统误差、探测系统误差及距离和角度控制系统误差.

对于粗糙表面材料, 通过 BRDF 实验测量数据与模型曲线拟合的方式确定了多次反射和体散射的归一化比例系数, 以及多次反射分量表达式中余弦函数的指数, 根据最佳拟合结果确定模型参数, 并进行了数据误差分析.

第 6 章　　典型目标材料偏振反射特性模型验证

6.1　pBRDF 测量结果与模型验证

6.1.1　金属材料 pBRDF 测量结果与模型验证

图 6-1 ~ 图 6-4 分别给出了入射角 $\theta_{\mathrm{i}} = 20°, 40°, 60°$ 条件下, 具有不同表面粗糙度的金属铝 ($\sigma = 0.087\mu\mathrm{m}$ 和 $\sigma = 0.142\mu\mathrm{m}$)、金属铜 ($\sigma = 0.070\mu\mathrm{m}$) 和金属铁 ($\sigma = 0.115\mu\mathrm{m}$) 的三分量 pBRDF 模型 Mueller 矩阵元素与我们经反射特性实验测量数据计算得到的 Mueller 矩阵元素之间的对比. 图中给出的是 F_{01}, F_{11} 和 F_{22} 关于镜面反射角处 ($\theta_{\mathrm{i}} = \theta_{\mathrm{r}}$) 取值的归一化曲线 $F_{01}/F_{01}\left(\theta_{\mathrm{i}}\right)$, $F_{11}/F_{11}\left(\theta_{\mathrm{i}}\right)$, $F_{22}/F_{22}\left(\theta_{\mathrm{i}}\right)$.

一般来说, 圆偏振效应很小, 在不考虑圆偏振的情况下, 入射面内 pBRDF Mueller 矩阵可以简化为 3×3 的矩阵. 我们选择在入射角 $\theta_{\mathrm{i}} = 20°$, $40°$ 和 $60°$ 条件下, F_{01}, F_{11} 和 F_{22} 三个 Mueller 矩阵元素进行实验和模型的对比. 由图 6-1 ~ 图 6-4 可以看出, pBRDF Mueller 矩阵元素在镜面反射角附近达到最大值, 并且随着入射角的增大, 这个最大值也明显增大, 并且方向性漫反射总是在 0°

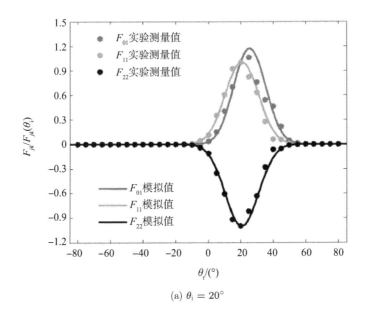

(a) $\theta_{\mathrm{i}} = 20°$

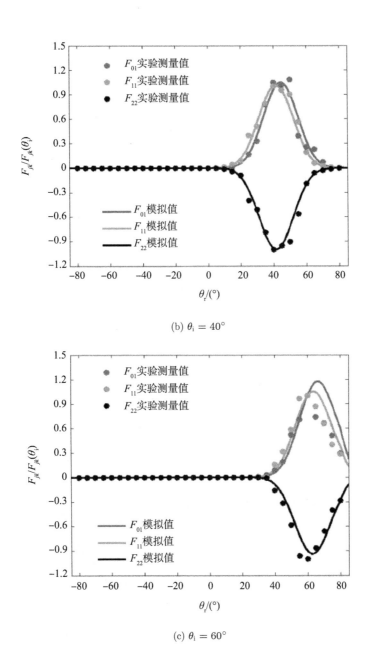

(b) $\theta_i = 40°$

(c) $\theta_i = 60°$

图 6-1 不同入射角下, $\sigma = 0.087\mu m$ 的金属铝归一化三分量 pBRDF Mueller 矩阵元素值 $F_{jk}/F_{jk}(\theta_i)$

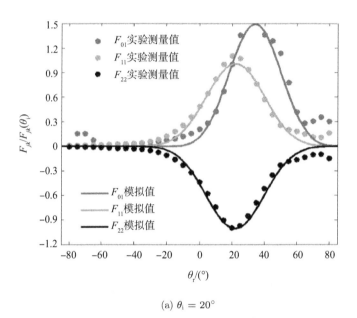

(a) $\theta_i = 20°$

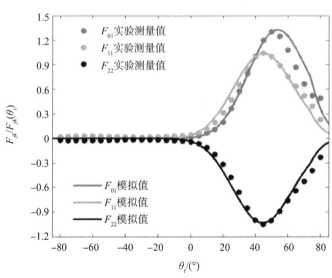

(b) $\theta_i = 40°$

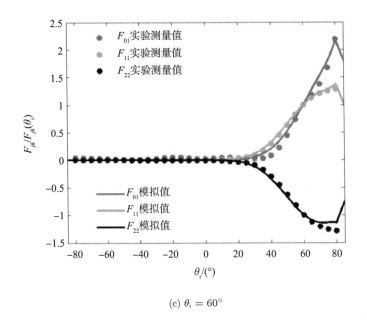

(c) $\theta_i = 60°$

图 6-2 不同入射角下, $\sigma = 0.142\mu m$ 的金属铝归一化三分量 pBRDF Mueller 矩阵元素值 $F_{jk}/F_{jk}(\theta_i)$

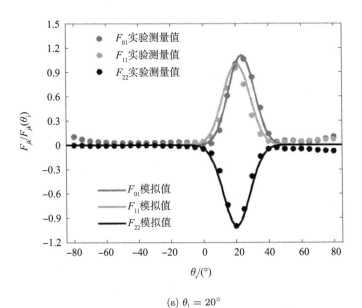

(a) $\theta_i = 20°$

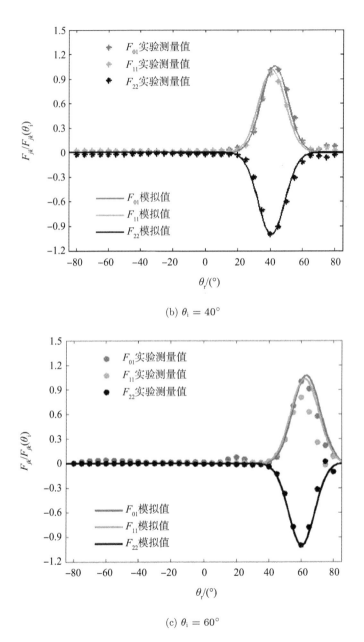

(b) $\theta_i = 40°$

(c) $\theta_i = 60°$

图 6-3　不同入射角下, $\sigma = 0.070\mu m$ 的金属铜归一化三分量 pBRDF Mueller 矩阵元素值 $F_{jk}/F_{jk}(\theta_i)$

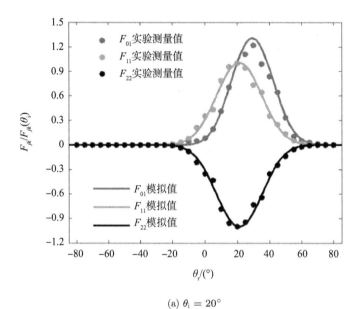

(a) $\theta_i = 20°$

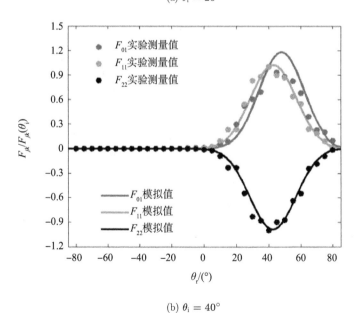

(b) $\theta_i = 40°$

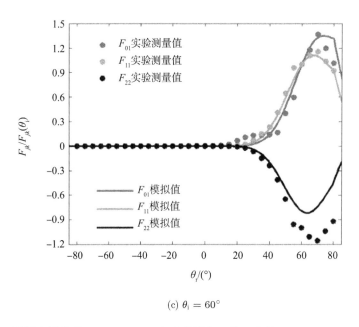

(c) $\theta_i = 60°$

图 6-4　不同入射角下, $\sigma = 0.115\mu m$ 的金属铁归一化三分量 pBRDF Mueller 矩阵元素值
$F_{jk}/F_{jk}(\theta_i)$

附近较大, 随着反射角增大, 方向性漫反射呈逐渐下降的趋势. 材料表面粗糙度越
小, 镜面反射峰值宽度越窄, 反射能量越集中. 图 6-1 ~ 图 6-4 也表明, 在不同入
射角处, 经偏振反射特性实验测量数据计算得到的 Mueller 矩阵元素与我们提出
的三分量 pBRDF 模型的 Mueller 矩阵元素能够较好地吻合. 三分量 pBRDF 模
型能够更好地描述金属材料上半球面的反射能量分布特性.

误差分析: 图 6-5 ~ 图 6-8 给出了 4 种金属材料分别在 $20°, 40°, 60°$ 三个入
射角度处的三分量 pBRDF 模型、P-G 模型和 Hyde 模型中的 F_{00} 元素与实验测
量值间的对比.

本书给出了三种模型与实验测量值之间误差的定量分析, 并分析了误差产生
的原因. 我们分别在入射角为 $20°$, $40°$ 和 $60°$ 条件下, 计算出了 P-G 模型与实
验测量值之间的均方根误差 RMSE1、Hyde 模型与实验测量值之间的均方根误差
RMSE2 以及三分量 pBRDF 模型与实验测量值之间的均方根误差 RMSE3, 如
表 6-1 和表 6-2 所示.

表中百分比 1 代表三分量 pBRDF 模型相较于 P-G 模型的均方根误差下降
百分比, 百分比 2 代表三分量 pBRDF 模型相较于 Hyde 模型的均方根误差下降
百分比, 通过表 6-1 和表 6-2 可以看出, 三分量 pBRDF 模型与实验测量值之间的

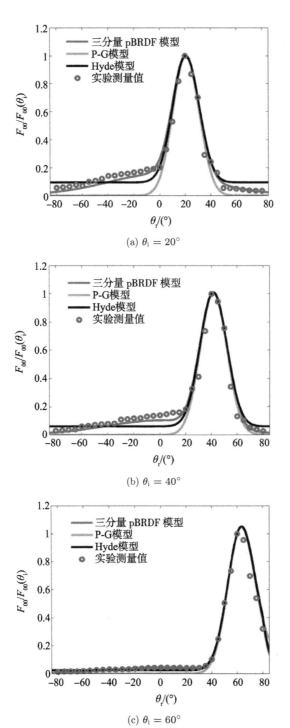

(a) $\theta_i = 20°$

(b) $\theta_i = 40°$

(c) $\theta_i = 60°$

图 6-5 不同入射角下, $\sigma = 0.087\mu m$ 的铝三种模型与实验测量 F_{00} 元素归一化曲线

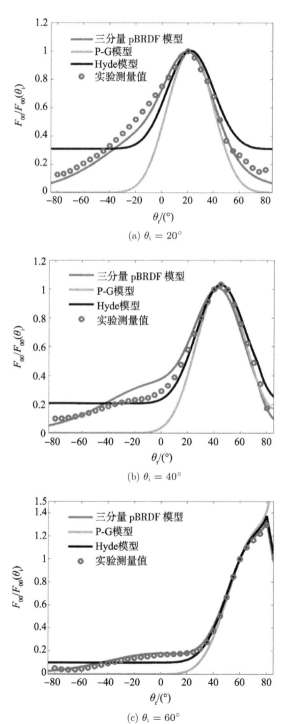

(a) $\theta_i = 20°$

(b) $\theta_i = 40°$

(c) $\theta_i = 60°$

图 6-6　不同入射角下, $\sigma = 0.142\mu m$ 的铝三种模型与实验测量 F_{00} 元素归一化曲线

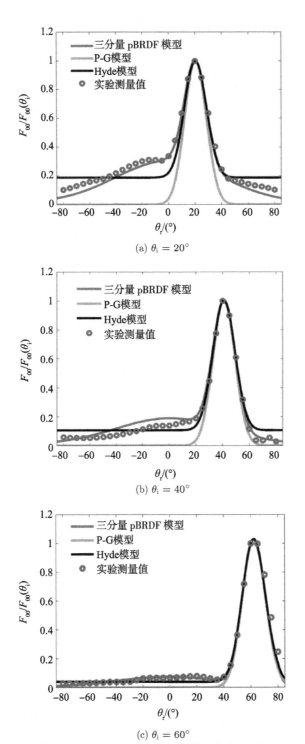

(a) $\theta_i = 20°$

(b) $\theta_i = 40°$

(c) $\theta_i = 60°$

图 6-7　不同入射角下, $\sigma = 0.070\mu m$ 的铜三种模型与实验测量 F_{00} 元素归一化曲线

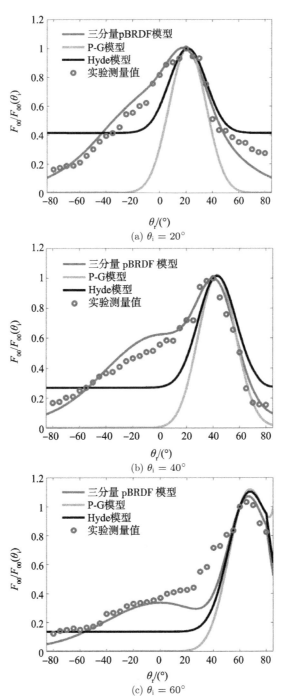

(a) $\theta_i = 20°$

(b) $\theta_i = 40°$

(c) $\theta_i = 60°$

图 6-8　不同入射角下, $\sigma = 0.115\mu m$ 的铁三种模型与实验测量 F_{00} 元素归一化曲线

表 6-1 金属铝三种模型与测量的 F_{00} 间的均方根误差

材料	金属铝 ($\sigma = 0.087\mu m$)			金属铝 ($\sigma = 0.142\mu m$)		
入射角	20°	40°	60°	20°	40°	60°
RMSE1	0.0932	0.0877	0.0584	0.2464	0.1560	0.1062
RMSE2	0.0496	0.0640	0.0539	0.1202	0.0639	0.0467
RMSE3	0.0408	0.0536	0.0478	0.0480	0.0487	0.022
百分比 1	56.22%	38.88%	18.15%	80.52%	68.78%	79.28%
百分比 2	17.74%	16.25%	11.32%	60.07%	23.79%	52.89%

表 6-2 金属铜和铁三种模型与测量的 F_{00} 间的均方根误差

材料	金属铜 ($\sigma = 0.070\mu m$)			金属铁 ($\sigma = 0.115\mu m$)		
入射角	20°	40°	60°	20°	40°	60°
RMSE1	0.1942	0.0881	0.0604	0.3299	0.3336	0.2985
RMSE2	0.0697	0.0442	0.0353	0.1400	0.1728	0.1988
RMSE3	0.0338	0.0347	0.0247	0.0746	0.0575	0.1122
百分比 1	82.60%	60.61%	59.11%	77.39%	82.76%	52.58%
百分比 2	51.51%	21.49%	30.03%	46.71%	66.72%	43.56%

均方根误差相比于 P-G 模型与 Hyde 模型在各个不同的入射角处有了明显的下降. 分析误差产生的原因主要是: P-G 模型中只考虑了镜面反射部分, 没有考虑漫反射部分, 并且镜面反射部分没有考虑几何衰减因子, 该模型存在明显缺陷, 所以造成了很大的误差, 有些角度处误差甚至超过了 80%. Hyde 模型相比于 P-G 模型在误差上有了显著降低, 但是由于 Hyde 模型中的漫反射部分在不同角度处都被认为是定值, 这与我们实验测量结果不符, 针对这两个模型存在的不足, 三分量 pBRDF 模型将漫反射部分分解为服从高斯分布的方向性漫反射部分和服从朗伯定律的理想漫反射部分, 通过三分量 pBRDF 模型计算的结果大幅降低了 P-G 模型产生的误差, 并且与 Hyde 模型相比也显著地降低了误差. 所以三分量 pBRDF 模型能够更加精确地描述金属材料的偏振反射特性.

6.1.2　涂层材料 pBRDF 测量结果与模型验证

1. SR107

1) 单波长 pBRDF

本书对 SR107 和 S781 两种热控涂层材料在入射角以 10° 为间隔从 0° 到 80° 取值的 pBRDF 数据进行了实验测量, 由于篇幅原因, 本书只给出了入射角为 10°、30°、50° 和 70° 条件下的归一化 pBRDF 矩阵元素 $[f_{jk}/\max(f_{00})]$ 的实验测量和模型仿真结果, 图 6-9 显示的是 SR107 材料单波长 pBRDF 实验测量与模型仿真结果.

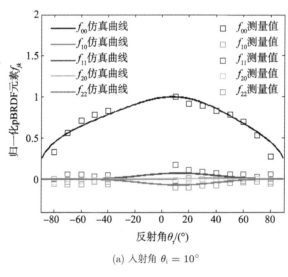

(a) 入射角 $\theta_\mathrm{i} = 10°$

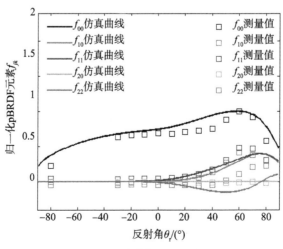

(b) 入射角 $\theta_\mathrm{i} = 30°$

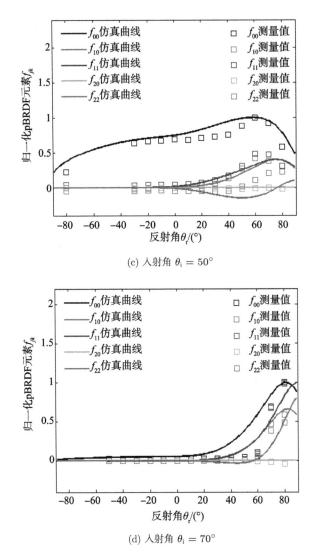

(c) 入射角 $\theta_i = 50°$

(d) 入射角 $\theta_i = 70°$

图 6-9 SR107 材料单波长 pBRDF 实验测量与模型仿真结果 (彩图见封底二维码)

2) 宽光谱 pBRDF

图 6-10 显示的是 SR107 材料在宽光谱光源照射条件下的 pBRDF 实验测量与模型仿真结果.

2. S781

1) 单波长 pBRDF

图 6-11 给出的是 S781 材料在单波长光源照射条件下的 pBRDF 实验测量与模型仿真结果.

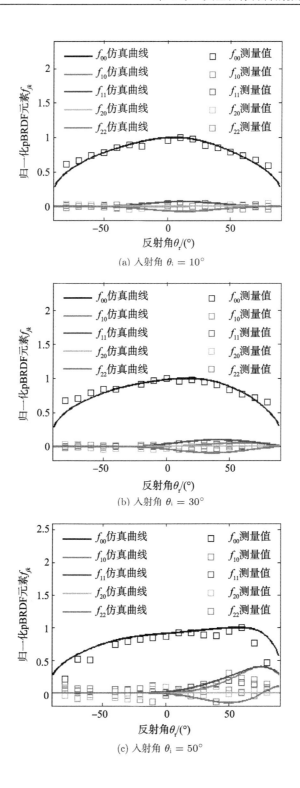

(a) 入射角 $\theta_i = 10°$

(b) 入射角 $\theta_i = 30°$

(c) 入射角 $\theta_i = 50°$

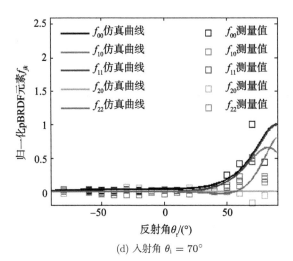

(d) 入射角 $\theta_i = 70°$

图 6-10   SR107 材料宽光谱 pBRDF 实验测量与模型仿真结果 (彩图见封底二维码)

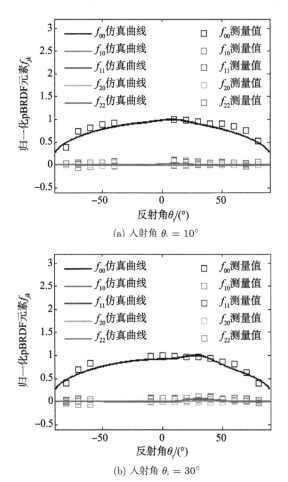

(a) 入射角 $\theta_i = 10°$

(b) 入射角 $\theta_i = 30°$

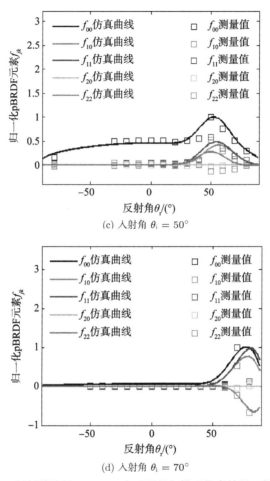

(c) 入射角 $\theta_i = 50°$

(d) 入射角 $\theta_i = 70°$

图 6-11　S781 材料单波长 pBRDF 实验测量与模型仿真结果 (彩图见封底二维码)

2) 宽光谱 pBRDF

图 6-12 给出的是 S781 材料在宽光谱光源照射条件下的 pBRDF 实验测量与模型仿真结果.

可见, 两种热控涂层材料在单波长和宽光谱两种波长条件下的 pBRDF 实验测量结果差异不大, 三分量 pBRDF 模型与单波长和宽光谱下的实验测量数据符合得都比较好, 能够较好地描述热控涂层材料的 pBRDF 特性规律.

从测量和模拟的 pBRDF 结果中能够看出, pBRDF 矩阵元素中 f_{00} 的值最大, 特别是在入射角较小时, f_{00} 在镜面反射方向达到峰值, 而除 f_{00} 外的 pBRDF 矩阵元素值都接近于零; 在入射角比较大的条件下, pBRDF 矩阵元素的分布曲线

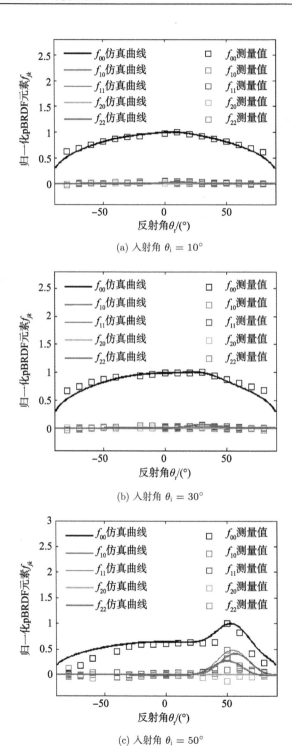

(a) 入射角 $\theta_{\mathrm{i}} = 10°$

(b) 入射角 $\theta_{\mathrm{i}} = 30°$

(c) 入射角 $\theta_{\mathrm{i}} = 50°$

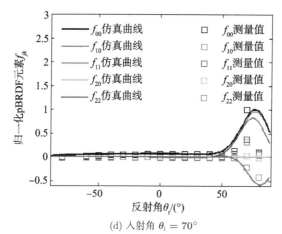

(d) 入射角 $\theta_i = 70°$

图 6-12　　S781 材料宽光谱 pBRDF 实验测量与模型仿真结果 (彩图见封底二维码)

各不相同, 但除了恒为零值之外的 pBRDF 矩阵元素在镜面反射方向附近都存在明显的曲线峰, 而且入射角越大, pBRDF 矩阵元素曲线峰越明显.

6.2　DOP 测量结果与模型验证

6.2.1　金属材料 DOP 测量结果与模型验证

1. 偏振光入射下的 DOP 测量结果与模型验证

我们对具有三种不同粗糙度的金属铝以及金属铜和铁进行实验测量, 对基于三分量 pBRDF 模型得到的 DOP 表达式和实验测量结果进行比较, 验证基于三分量 pBRDF 模型的 DOP 表达式的正确性. 然后对于不同种类的金属材料, 我们研究在不同入射偏振态 (0°, 45°, 90° 和 135°) 下的偏振反射特性规律. 图 6-13 ～图 6-17 表示入射角分别为 20°, 40°, 60° 时, 基于三分量 pBRDF 模型的 DOP 与实验测量得到的 DOP 在 4 种不同入射偏振态条件下的对比.

由图 6-13 ～ 图 6-17 可以看出, 在小角度入射时, 入射光的偏振态对偏振度的影响很小, 不管对于粗糙度不同的同种金属材料还是不同种类的材料, 当入射角 $\theta_i = 20°$ 时, 4 个不同入射偏振态下测量得到的结果和模拟值并没有太大的差距. 随着入射角的增大, 差异开始显现. 0°、90° 入射偏振态与 45°、135° 入射偏振态之间的差异很明显, 并且 0°、90° 入射偏振态条件下, 不同反射角处的 DOP 值明显大于 45°、135° 入射偏振态下的 DOP 值. 在不考虑圆偏振, 并且所有测量都是在入射面内进行的条件下, 0° 和 90° 入射偏振态下的 DOP 值差异很小, 而 45° 和135° 条件下的 DOP 值更是相等的, 由式 (4-82) 也可知这点. 不管对于哪种入射

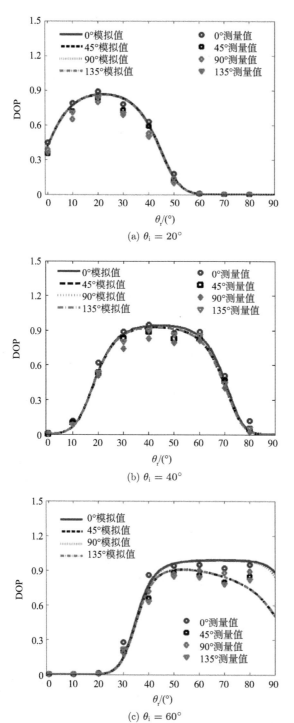

(a) $\theta_i = 20°$

(b) $\theta_i = 40°$

(c) $\theta_i = 60°$

图 6-13　不同入射偏振态下, $\sigma = 0.087\mu m$ 金属铝模拟值与测量值间的对比 (彩图见封底二维码)

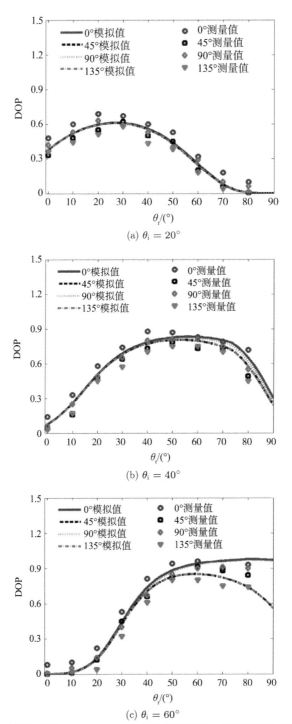

图 6-14　不同入射偏振态下, $\sigma = 0.142\mu m$ 金属铝模拟值与测量值间的对比 (彩图见封底二维码)

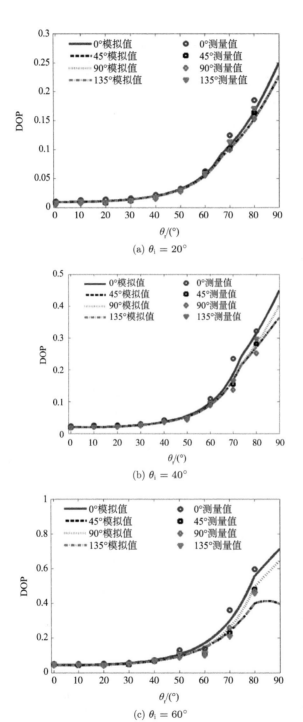

图 6-15 不同入射偏振态下, $\sigma = 0.782\mu m$ 金属铝模拟值与测量值间的对比 (彩图见封底二维码)

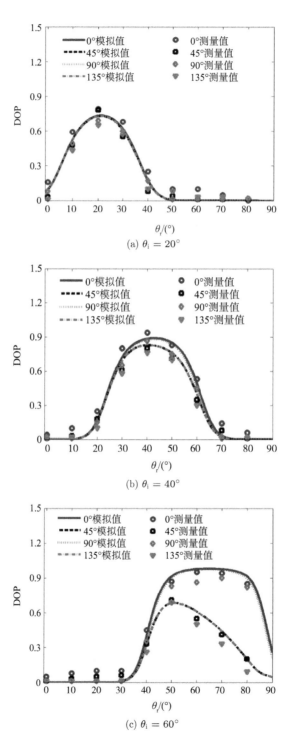

(a) $\theta_{\mathrm{i}} = 20°$

(b) $\theta_{\mathrm{i}} = 40°$

(c) $\theta_{\mathrm{i}} = 60°$

图 6-16　不同入射偏振态下, $\sigma = 0.070\mu\mathrm{m}$ 金属铜模拟值与测量值间的对比 (彩图见封底二维码)

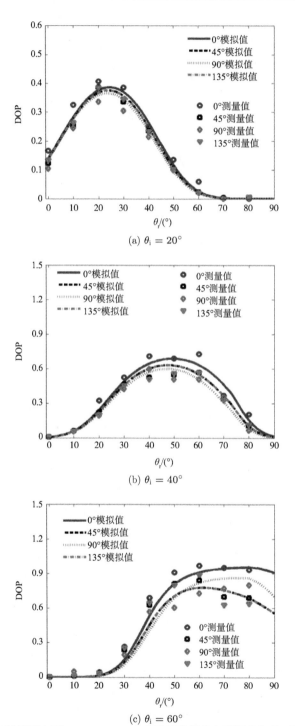

(a) $\theta_i = 20°$

(b) $\theta_i = 40°$

(c) $\theta_i = 60°$

图 6-17　不同入射偏振态下, $\sigma = 0.115\mu m$ 金属铁模拟值与测量值间的对比 (彩图见封底二维码)

偏振态, 在不同入射角处, DOP 的峰值基本都会出现在镜面反射角附近. 从以上两种金属材料模拟结果与实验测量值之间的对比可以看出, 基于三分量 pBRDF 模型得到的 DOP 值与实验测量结果能够很好地吻合, 证明了该模型对金属材料的适用性.

2. 自然光入射下的 DOP 测量结果与模型验证

在被动探测系统中, 光源发出的光是非偏振的. 实验过程中我们使光源不经过起偏器直接照射到样品表面. 研究自然光照明条件下, 金属材料表面反射光的偏振反射特性. 同样, 我们将实验测得的结果与基于三分量 pBRDF 模型得到的 DOP 值进行对比, 并且与前人文献中提到的基于 P-G pBRDF 模型得到的偏振度进行比较. 基于 P-G 模型的 DOP 表达式不仅是一个与材料表面粗糙度无关的量, 而且该反射模型只包含镜面反射部分而不包含漫反射部分, 导致不同反射角处的 DOP 值相较于实验测量值存在很大的误差. 而我们提出的基于三分量 pBRDF 模型的 DOP 表达式针对存在的这两点缺陷进行了改进, 不仅模型的模拟结果与实验测量值更加接近, 而且在精度方面得到到了很大的提高, 有效地降低了误差. 图 6-18 ~ 图 6-22 是三种不同粗糙度的金属铝以及金属铜和铁的 DOP 实验测量值分别与基于两种 pBRDF 模型得到的 DOP 值间的比较.

基于 P-G 模型得到的 DOP 表达式与材料表面粗糙度无关, 而我们提出的基于三分量 pBRDF 模型的 DOP 表达式是一个与材料表面粗糙度相关的偏振特性参数, 其物理意义更加合理. 通过图 6-18 ~ 图 6-22 的结果我们可以看出, 由于三分量 pBRDF 模型中漫反射部分的引入, 在不同反射角处计算得到的 DOP 值相较于原曲线中的 DOP 值均下降, 特别是在入射角较小的情况下 ($\theta_i = 20°$) 下降趋势更加明显. 相较于入射角较小的情况, 镜面反射部分在总反射光中所占的比例在大角度入射时更大, 因此小角度入射条件下, 漫反射部分所占的比例更大, 但是对于现存的 DOP 表达式只考虑了镜面反射部分, 并没有考虑漫反射部分, 这就是在 $\theta_i = 20°$ 时基于 P-G 模型得到的 DOP 表达式与实验测量值会存在很大误差的原因. 而且由于我们在镜面反射部分加入了阴影/遮蔽函数, 在入射角或观测角近掠射情况下 DOP 值过大的问题也得到了很好的解决, 从图中可以看出, 在掠射角处 DOP 值也不会一味地增加, 而是有个下降的趋势. 我们分别将 $\sigma = 0.087\mu m$ 和 $\sigma = 0.142\mu m$ 的金属铝以及金属铜和铁的 DOP 实验测量数据与基于 P-G 模型和基于三分量 pBRDF 模型得到的 DOP 值进行了比较, 从图中可以看出, 三分量 pBRDF 模型大大地降低了 P-G 模型中出现的误差. 我们在 $\theta_i = 20°$, $40°$ 和 $60°$ 条件下, 计算出 4 种金属材料基于 P-G 模型的 DOP 与 DOP 实验测量值间的均方根误差 RMSE1 以及基于三分量 pBRDF 模型的 DOP 与 DOP 实验

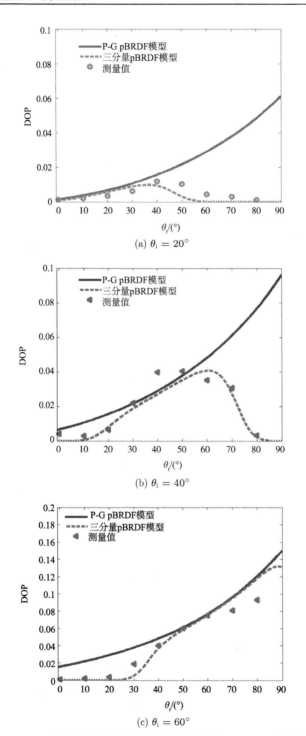

(a) $\theta_i = 20°$

(b) $\theta_i = 40°$

(c) $\theta_i = 60°$

图 6-18　$\sigma = 0.087\mu m$ 的金属铝在不同入射角下基于两种 pBRDF 模型的 DOP 与测量值间的比较

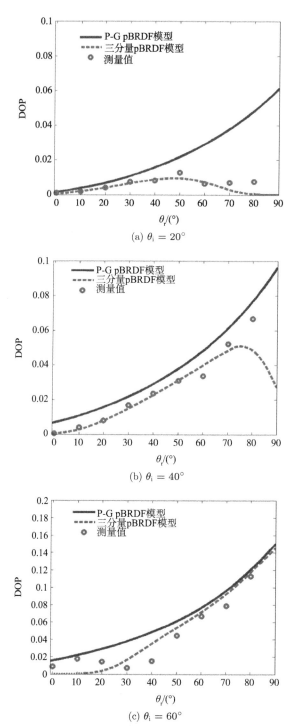

(a) $\theta_i = 20°$

(b) $\theta_i = 40°$

(c) $\theta_i = 60°$

图 6-19 $\sigma = 0.142\mu m$ 的金属铝在不同入射角下基于两种 pBRDF 模型的 DOP 与测量值间的比较

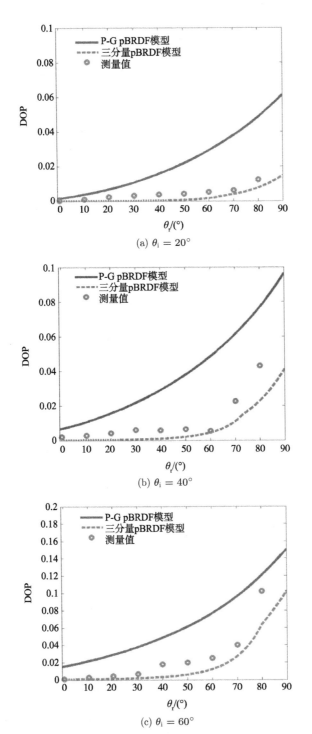

图 6-20　$\sigma = 0.782\mu m$ 的金属铝在不同入射角下基于两种 pBRDF 模型的 DOP 与测量值间的比较

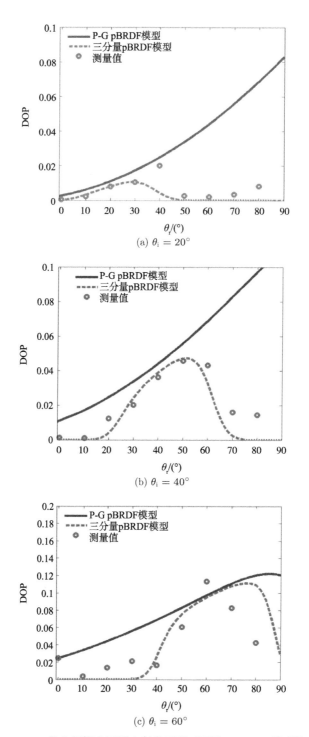

图 6-21　$\sigma = 0.070\mu m$ 的金属铜在不同入射角下基于两种 pBRDF 模型的 DOP 与测量值间的比较

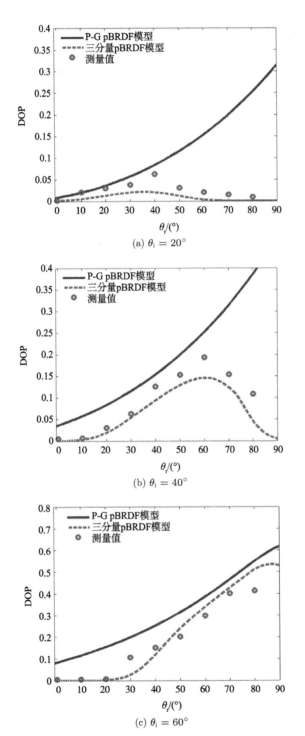

图 6-22 $\sigma = 0.115\mu m$ 的金属铁在不同入射角下基于两种 pBRDF 模型的 DOP 与测量值
间的比较

测量值间的均方根误差 RMSE2, 如表 6-3 和表 6-4 所示, 定量地说明基于三分量 pBRDF 模型的 DOP 在精度方面的提高.

表 6-3   不同粗糙度金属铝 DOP 的均方根误差

材料	金属铝 ($\sigma = 0.087\mu m$)			金属铝 ($\sigma = 0.142\mu m$)		
入射角	20°	40°	60°	20°	40°	60°
RMSE1	0.0216	0.0274	0.0173	0.0573	0.0255	0.0555
RMSE2	0.0034	0.0054	0.0107	0.0091	0.0197	0.0358
百分比	84.26%	80.29%	38.15%	84.12%	22.75%	35.50%

表 6-4   金属铜和铁 DOP 的均方根误差

材料	金属铜 ($\sigma = 0.070\mu m$)			金属铁 ($\sigma = 0.115\mu m$)		
入射角	20°	40°	60°	20°	40°	60°
RMSE1	0.0964	0.1133	0.1156	0.1144	0.1142	0.1062
RMSE2	0.0184	0.0245	0.0831	0.0200	0.0318	0.0483
百分比	80.91%	78.38%	28.11%	82.52%	72.15%	54.52%

从表 6-3 和表 6-4 我们可以看出, 对于金属材料, 基于三分量 pBRDF 模型计算得到的 DOP 值与实验测量值间的均方根误差相较于 P-G 模型在各个不同入射角处均有明显下降. 大入射角时镜面反射占的比例较大, 并且在整个半球空间镜面反射和漫反射之和为 1, 因此入射角较小时漫反射占的比例很大. 由于 P-G pBRDF 模型中只有镜面反射部分, 没有漫反射部分, 所以基于 P-G pBRDF 模型得到的 DOP 值在小入射角度处误差很大; 另一方面, 由于 P-G 模型中镜面反射部分没有考虑阴影/遮蔽函数, 这样就会使得入射角或反射角近掠射情况下测得的值趋于无穷大. 而三分量 pBRDF 模型中在镜面反射部分中加入了阴影/遮蔽函数, 这样测得的值就不会单调递增地趋于无穷大, 而是使测量值有界, 这种情况更符合物理规律, 而且三分量 pBRDF 模型使得模拟值更好地与实验测量值吻合. 对于不同粗糙度的金属材料铝以及金属铜和铁, 在 $\theta_i = 20°$ 入射条件下, RMSE 值甚至都下降了 80% 以上.

因此, 不论是定性分析还是定量计算都证明了我们提出的三分量 pBRDF 模型以及基于该模型计算得到的 DOP 表达式更加合理并且能够很好地适用于金属材料, 可以更加精确地描述金属材料的偏振反射特性.

6.2.2   涂层材料 DOP 测量结果与模型验证

1. SR107

图 6-23 为 SR107 材料被动 DOP 实验测量与模型仿真结果.

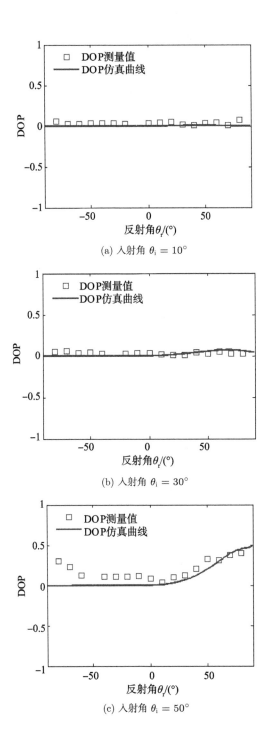

(a) 入射角 $\theta_i = 10°$

(b) 入射角 $\theta_i = 30°$

(c) 入射角 $\theta_i = 50°$

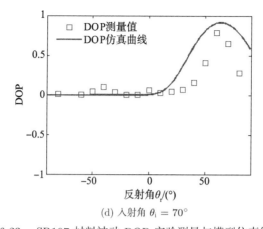

(d) 入射角 $\theta_i = 70°$

图 6-23　SR107 材料被动 DOP 实验测量与模型仿真结果

2. S781

图 6-24 为 S781 材料被动 DOLP 实验测量与模型仿真结果.

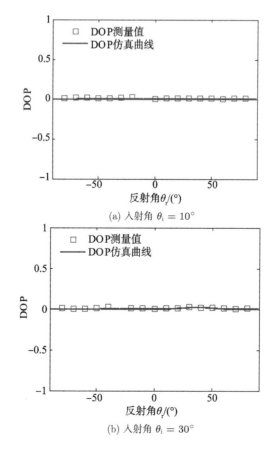

(a) 入射角 $\theta_i = 10°$

(b) 入射角 $\theta_i = 30°$

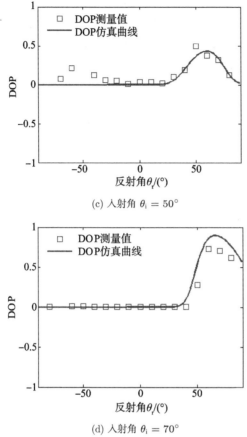

(c) 入射角 $\theta_i = 50°$

(d) 入射角 $\theta_i = 70°$

图 6-24　S781 材料被动 DOP 实验测量与模型仿真结果

　　图中结果显示模型仿真结果能够很好地符合实验测量结果, 被动照射条件下 SR107 和 S781 所体现出的偏振特性十分相似: 反射角越大, DOP 分布曲线的峰值越高. 从 SR107 和 S781 的被动偏振特性结果能够看出, 入射角较小时两种热控涂层材料的起偏特性都不明显, 在入射角较大的情况下两种热控涂层材料具有较强的起偏能力.

6.3　典型目标材料偏振反射特性规律总结

　　从上面的理论模型与实验测量结果能够看出, 在 pBRDF 特性方面, 热控涂层材料的 f_{00} 曲线在镜面反射方向达到峰值, 而除 f_{00} 外的 pBRDF 矩阵元素值都接近于零; 金属材料的 f_{00}、f_{10}、f_{11} 的值为正值, 在镜面反射方向达到峰值, f_{22} 值为负值; 对于太阳能电池板材料, f_{10}/f_{00} 的值在 1 左右, f_{11}/f_{00} 的值接近于 0,

而 f_{22}/f_{00} 的值在 $-1 \sim 1$, 随入射角的增大而增大.

在太阳光照射下的反射光 DOP 方面: 对于热控涂层材料, 反射角越大, DOP 分布曲线的峰值越高, 起偏能力就越强; 对于金属材料, 反射角越大, DOP 分布曲线的峰值越高, 且铝样品的 DOP 峰值大于铁样品.

6.4　小　　结

对典型材料表面的偏振反射特性进行模拟仿真和实验测量, 通过对比可见, 三分量 pBRDF 模型与实验测量值之间的均方根误差相比于 P-G 模型与 Hyde 模型在各个不同的入射角处有了明显的下降, 与实验测量值符合得比较好, 能够较好地描述典型材料表面的偏振反射特性规律.

从测量和模拟的 pBRDF 结果中能够看出: 材料表面粗糙度越小, 镜面反射峰值宽度越窄, 反射能量越集中; 在 pBRDF 特性方面, 热控涂层材料和金属材料各自的 pBRDF 矩形元素 f_{ij} 具有不同的反射角分布特征; 根据太阳光照射下的反射光 DOP 特征, 热控涂层材料和金属材料的起偏能力都随反射角增大而增强, 而且铝样品的起偏特征比铁样品更显著.

第 7 章 空间目标材料偏振特性分类识别方法研究

从 20 世纪 90 年代开始, 有研究者开始探索基于偏振特性信息的材料分类识别方法. 现有的材料偏振特性分类识别方法主要分为三大类: 一是将目标偏振特性指标直接作为材料分类识别的依据, 如 Wolff 等提出的基于偏振菲涅耳比 (polarization fresnel ratio, PFR) 的目标分类识别方法 [210]、Hyde 提出的 DOLP 极大似然估计分类方法; 二是对获得的偏振指标进行一定的运算处理, 得出新的分类识别判据, 如 Zallat 等提出的 Mueller 矩阵成像与图像处理算法相结合的目标聚类方法 [211], Chun 等将强度、距离和 DOP 信息进行图像融合处理的方法 [212]; 三是根据偏振信息对目标材料的复折射率等特征参数进行反演估算, 进而对材料组成进行判定, 如 Thilak 等基于 P-G 模型, 利用反射光 DOLP 和非线性拟合方法给出的材料复折射率反演估算方法 [294], Hyde 在考虑漫反射效应的基础上给出的复折射率反演估算的改进方法 [213,214].

由于空间目标探测与识别的对象在很多情况下是非合作空间目标, 而非合作空间目标的姿态未知, 无法得到被探测目标的太阳照射角和观测角等信息, 所以本书希望得到一种角度信息未知条件下的材质分类判别方法. 为此, 本章将从基于偏振指标概率密度分布、偏振特性信息的复折射率反演和偏振图像特征提取三个方面对空间目标材料的偏振特性分类识别方法进行研究.

7.1 基于偏振指标概率密度分布的材料分类识别方法

7.1.1 基于 Stokes 矢量的分类识别方法

Stokes 矢量可以完整地表示光波的偏振特性, 因此目标反射光的 Stokes 矢量包含着目标材料的偏振特征信息, 不同材料反射光的 Stokes 矢量呈现出不同的分布特征规律. 本书基于前面建立的偏振反射特性模型, 研究空间目标材料的 Stokes 矢量分布特征规律及对不同类别空间目标材料的分类识别效果.

针对空间目标被动探测的需求, 本书计算了自然光照射条件下的反射光 Stokes 矢量分布, 假设空间目标各表面相对太阳光的入射角和相对探测器的反射角未知, 对不同入射角和反射角条件下的反射光 Stokes 矢量进行了计算, 在不考虑圆偏振分量 S_3 的情况下得出了强度归一化的 Stokes 矢量 S_1/S_0 和 S_2/S_0 的二维空间分布. 在计算时, 入射角取值从 $10°$ 到 $80°$, 间隔为 $10°$, 对于每一个入射角, 热控涂层材料反射光分布在整个空间, 故 Stokes 矢量数据的反射角取值从 $-80°$ 到 $80°$, 间隔为 $10°$; 但太阳能电池板和保温包覆层的反射光能量只集中在镜面方向很窄的角度范围, 每一个入射角只对应一个镜面反射角, 即只有一组 Stokes 矢量数据. 如图 7-1 所示, (a)、(b) 和 (c) 分别显示了被动照射下热控涂层、太阳能电池板和保温包覆层三类材料反射光的强度归一化 Stokes 矢量分布.

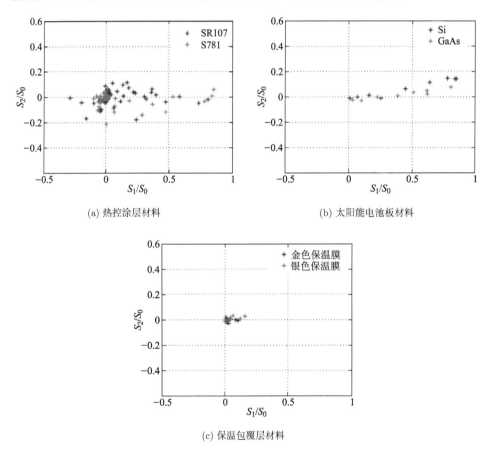

(a) 热控涂层材料　　　　　　　　　　(b) 太阳能电池板材料

(c) 保温包覆层材料

图 7-1　空间目标材料被动照射下的归一化 Stokes 矢量分布 (彩图见封底二维码)

可以看出, 每一类的两种材料都体现出相似的 Stokes 矢量分布特征, 而且每一类材料的反射光 Stokes 矢量分布有各自不同的特征, 热控涂层材料的 Stokes 矢量分布范围很广, 太阳能电池板材料的 S_1/S_0 分布较宽, 但 S_2/S_0 的值集中在较小的范围, 保温包覆层材料的 Stokes 矢量则集中在一个很小的区域内.

本书将不同类别材料的 Stokes 矢量分布显示在一幅图中, 如图 7-2 所示.

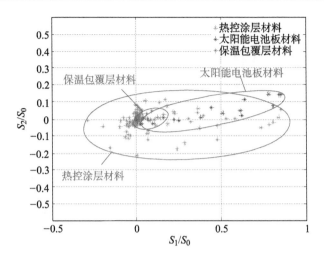

图 7-2 归一化 Stokes 矢量分布对空间目标材料的分类效果 (彩图见封底二维码)

可以看出, 不同类别的空间目标材料具有各自不同的 Stokes 矢量二维分布特征, 虽然在归一化 Stokes 矢量空间存在很多重叠区域, 但不同类别空间目标材料的 Stokes 矢量二维空间分布特征表现出了显著的差异.

7.1.2 基于 DOLP 的材料分类识别方法

被动照射条件下的反射光 DOLP 是重要的偏振特性指标, 也蕴含着目标材料特征信息, 因此本章对空间目标材料的反射光 DOLP 进行了仿真计算和分析. 本章对不同入射角和反射角条件下的反射光 DOLP 值进行了统计, 计算了反射光 DOLP 的概率密度分布, 如图 7-3 所示.

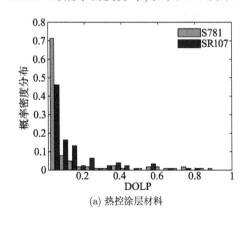

(a) 热控涂层材料

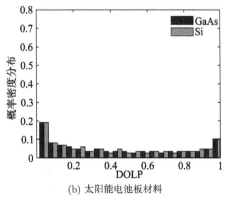

(b) 太阳能电池板材料

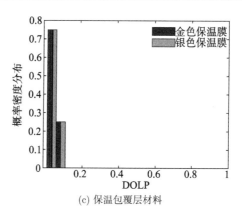

(c) 保温包覆层材料

图 7-3　空间目标材料被动照射下反射光 DOLP 概率密度分布特征

与 Stokes 矢量分布规律相似, 每一类的两种材料的反射光 DOLP 概率密度分布都十分相似, 而且每一类材料的 DOLP 概率密度分布有各自不同的特征. 热控涂层材料的 DOLP 值大都集中在 $0 \sim 0.2$, 在 $0.2 \sim 1$ 的分布很少, 太阳能电池板材料的 DOLP 值分布比较平均, 在 $0 \sim 1$ 范围内的概率密度波动不大, 而保温包覆层材料的所有 DOLP 值都集中在 $0 \sim 0.1$.

本章将不同类别材料的 DOLP 概率密度分布显示在一幅图中, 如图 7-4 所示, 三类空间目标材料的 DOLP 概率密度分布差异明显, DOLP 小于 0.2 时, 保温包覆层材料和热控涂层材料的分布概率明显大于太阳能电池板材料, 而 DOLP 大于 0.2 时, 保温包覆层没有概率分布, 说明 DOLP 概率密度分布特征能够体现出一定的分类识别能力.

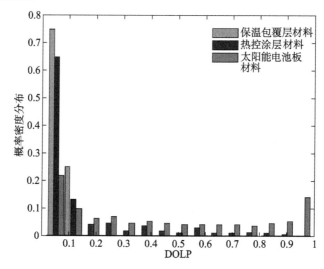

图 7-4　反射光 DOLP 概率密度分布对空间目标材料的分类效果 (彩图见封底二维码)

7.2　基于 pBRDF 矩阵的复折射率反演估算方法

7.2.1　现有方法存在的问题

在现有的偏振特性分类识别方法中, 直接利用测量获得的偏振特性信息进行材料分类的方法属于经验方法, 缺乏明确的物理意义, 而且需要各种材料偏振特征指标的先验信息, 在实际应用中会受到较大的限制; 而估算复折射率的方法能够获得材质确切的物理参数, 但现有的方法都是基于 DOLP 进行的, Thilak 的方法只能适用于表面非常光滑的材料, 适用范围十分有限, Hyde 的方法虽然在 DOLP 表达式中增加了漫反射分量, 但各个反射方向上漫反射分量相等的假设过于简单, 易造成较大误差, 而且其给出的漫反射分量表达式参数多计算非常复杂. 目前基于偏振信息的复折射率反演估算方法比较少, 在材料通用性、模型准确性和计算简便性方面还存在着明显不足, 无法满足利用偏振探测进行目标分类识别的需求. 针对该不足, 本书对现有方法进行了改进, 提出了一种基于 pBRDF 矩阵元素的材料复折射率反演估算方法.

7.2.2　理论推导

在忽略圆偏振效应和共平面反射的简化条件下, 被动照射下的反射光 Stokes 矢量可写为

$$
\begin{pmatrix} S_0^{\mathrm{r}} \\ S_1^{\mathrm{r}} \\ S_2^{\mathrm{r}} \end{pmatrix} = \begin{pmatrix} f_{00} & f_{10} & 0 \\ f_{10} & f_{11} & 0 \\ 0 & 0 & f_{22} \end{pmatrix} \begin{pmatrix} S_0^{\mathrm{i}} \\ S_1^{\mathrm{i}} \\ S_2^{\mathrm{i}} \end{pmatrix} = \begin{pmatrix} f_{00} & f_{10} & 0 \\ f_{10} & f_{11} & 0 \\ 0 & 0 & f_{22} \end{pmatrix} \begin{pmatrix} 1 \\ 0 \\ 0 \end{pmatrix} = \begin{pmatrix} f_{00} \\ f_{10} \\ 0 \end{pmatrix}
$$

$$(7\text{-}1)$$

可得反射光 DOLP 为

$$
\mathrm{DOLP} = \frac{\sqrt{(S_1^{\mathrm{r}})^2 + (S_2^{\mathrm{r}})^2}}{S_0} = \frac{f_{10}}{f_{00}} \tag{7-2}
$$

在只考虑镜面反射时, pBRDF 矩阵可以表示为

$$
f_{\mathrm{pBRDF}} = \frac{f_{\mathrm{s}}}{2} \begin{pmatrix} R_{\mathrm{s}} + R_{\mathrm{p}} & R_{\mathrm{s}} - R_{\mathrm{p}} & 0 \\ R_{\mathrm{s}} - R_{\mathrm{p}} & R_{\mathrm{s}} + R_{\mathrm{p}} & 0 \\ 0 & 0 & 2\mathrm{Re}(r_{\mathrm{s}} r_{\mathrm{p}}^*) \end{pmatrix} \tag{7-3}
$$

式中, f_{s} 为镜面反射 BRDF, 即镜面反射能量的空间分布; r_{s}、r_{p}、R_{s} 和 R_{p} 分别是 s 光和 p 光入射与反射的电矢量振幅比和光强比; r_{p}^* 为 r_{p} 的共轭形式, 可由菲

涅耳公式给出:

$$r_{\mathrm{s}} = \frac{(\tilde{n}^2 - \sin^2\theta)^{\frac{1}{2}} - \cos\theta}{(\tilde{n}^2 - \sin^2\theta)^{\frac{1}{2}} + \cos\theta} \tag{7-4}$$

$$r_{\mathrm{p}} = \frac{\tilde{n}^2\cos\theta - (\tilde{n}^2 - \sin^2\theta)^{\frac{1}{2}}}{\tilde{n}^2\cos\theta + (\tilde{n}^2 - \sin^2\theta)^{\frac{1}{2}}} \tag{7-5}$$

$$R_{\mathrm{s}} = r_{\mathrm{s}}^2 \tag{7-6}$$

$$R_{\mathrm{p}} = r_{\mathrm{p}}^2 \tag{7-7}$$

其中, θ 为入射角和反射角, $\tilde{n}$ 为反射目标材料的复折射率:

$$\tilde{n} = n - \mathrm{i}k \tag{7-8}$$

此时的反射光 DOLP 可以写为

$$\mathrm{DOLP} = \frac{f_{10}}{f_{00}} = \frac{R_{\mathrm{s}} - R_{\mathrm{p}}}{R_{\mathrm{s}} + R_{\mathrm{p}}} \tag{7-9}$$

　　Thilak 和 Hyde 的方法都是将被动照射下的反射光 DOLP 作为复折射率反演的偏振指标, 通过菲涅耳公式将 DOLP 与材料的复折射率联系起来, 利用非线性最小二乘法拟合出材料复折射率的值. Thilak 的方法是直接利用式 (7-9) 中的 DOLP 表达式对复折射率参数 n 和 k 进行拟合估算, 而 Hyde 在利用 DOLP 反演时加入了漫反射分量, 将 DOLP 表达式改进为

$$\mathrm{DOLP}(\tilde{n}; \sigma; \theta_{\mathrm{i}}, \theta_{\mathrm{r}}) = \left(\frac{R_{\mathrm{s}} - R_{\mathrm{p}}}{R_{\mathrm{s}} + R_{\mathrm{p}}}\right)\left\{\frac{\Gamma(\theta_{\mathrm{i}}, \theta_{\mathrm{r}}, \pi; \sigma)}{\Gamma(\theta_{\mathrm{i}}, \theta_{\mathrm{r}}, \pi; \sigma) + [1 - \rho_{\mathrm{DHR}}^{\mathrm{s}}(\theta_{\mathrm{i}}; \sigma)]/\pi}\right\} \tag{7-10}$$

式中, Γ 为 Hyde pBRDF 模型给出的镜面反射能量空间分布, $\rho_{\mathrm{DHR}}^{\mathrm{s}}$ 为镜面反射光的半球反射率, σ 表示表面粗糙度, 实际上, 式 (7-10) 的第一项是镜面反射光的 DOLP, 第二项是全部反射光中镜面反射分量的比例. 但是由于镜面反射分量的比例难以计算且容易出现较大误差, 就要求本书必须寻求新的估算复折射率的偏振指标.

　　本书发现, 考虑加入漫反射分量的影响之后, pBRDF 矩阵表达式中改变的只是 f_{00} 项, 而其他的 pBRDF 矩阵元素表达式保持不变. 考虑漫反射分量后的 pBRDF 矩阵元素表达式为

$$\begin{cases} f_{00}(\theta_{\mathrm{i}}, \theta_{\mathrm{i}}, \pi; \sigma; \tilde{n}) = f_{00}^{\mathrm{S}} + \dfrac{R_{\mathrm{s}} + R_{\mathrm{p}}}{2\pi}[1 - \rho_{\mathrm{DHR}}^{\mathrm{s}}(\theta_{\mathrm{i}}; \sigma)] \\ f_{jk}(\theta_{\mathrm{i}}, \theta_{\mathrm{i}}, \pi; \sigma; \tilde{n}) = f_{jk}^{\mathrm{S}}(\theta_{\mathrm{i}}, \theta_{\mathrm{i}}, \pi; \sigma; \tilde{n}), \quad j, k \neq 0 \end{cases} \tag{7-11}$$

可以看到, 考虑加入漫反射分量的影响之后, 虽然 f_{00} 表达式发生了变化, 变得更加复杂, 不再是 $R_s + R_p$ 的形式, 但 pBRDF 矩阵元素中的 f_{11} 保持不变, 其表达式依然是 $R_s + R_p$, 则 f_{10}/f_{11} 可以表示为

$$\frac{f_{10}}{f_{11}} = \frac{R_s - R_p}{R_s + R_p} \tag{7-12}$$

因此, 本书不采用现有方法中的 f_{10}/f_{00}, 而是选用 f_{10}/f_{11} 作为复折射率估算的偏振指标, 这样偏振指标中就不包含漫反射分量, 避免烦琐的计算和不可避免的误差, 将式 (7-4) ~ 式 (7-8) 与式 (7-12) 结合就能得到目标偏振特征指标 f_{10}/f_{11} 与材料复折射率参数 n 和 k 之间的数学联系

$$\frac{f_{10}}{f_{11}} = \frac{\left[\dfrac{\sqrt{\tilde{n}^2 - \sin^2\theta} - \cos\theta}{\sqrt{\tilde{n}^2 - \sin^2\theta} + \cos\theta}\right]^2 - \left[\dfrac{\tilde{n}^2\cos\theta - \sqrt{\tilde{n}^2 - \sin^2\theta}}{\tilde{n}^2\cos\theta + \sqrt{\tilde{n}^2 - \sin^2\theta}}\right]^2}{\left[\dfrac{\sqrt{\tilde{n}^2 - \sin^2\theta} - \cos\theta}{\sqrt{\tilde{n}^2 - \sin^2\theta} + \cos\theta}\right]^2 + \left[\dfrac{\tilde{n}^2\cos\theta - \sqrt{\tilde{n}^2 - \sin^2\theta}}{\tilde{n}^2\cos\theta + \sqrt{\tilde{n}^2 - \sin^2\theta}}\right]^2} \tag{7-13}$$

式 (7-13) 即为本书提出的复折射率反演估算所选取的偏振反射特征指标, 本书在反演估算时通过在多种条件下测量目标反射的 pBRDF 矩阵元素比 f_{10}/f_{11}, 根据式 (7-13) 利用非线性最小二乘拟合法得到复折射率 n 和 k 的估算值.

由于表面光滑的材料样品在反射时几乎不存在漫反射效应, 被动照射下的反射光 DOLP 作为复折射率反演估算的偏振指标就可以获得很好的效果; 而表面粗糙或者具有疏松多孔结构的材料在反射时会体现出强烈的漫反射特征, 对于这类材料, DOLP 不再适合作为反演指标, 本书提出的方法将在提高复折射率反演估算精度方面体现出明显的优势.

7.2.3 估算验证

卫星涂层材料具有疏松多孔的结构, 其漫反射效应非常明显. SR107 和 S781 涂层材料的复折射率均为 $\tilde{n} = 1.998 - 0i$, 即 $n = 1.998$, $k = 0$, 两种样品的表面粗糙度分别为 $\sigma_{SR107} = 0.112\mu m$, $\sigma_{S781} = 0.206\mu m$. 本书对两块涂层样品分别在入射角为 $10° \sim 80°$, 间隔 $10°$ 条件下的偏振反射特性进行了实验测量, 获取了样品在不同入射角条件下的 pBRDF 数据.

本书根据实验测量获得的两种样品分别在 8 组不同反射角条件下的 pBRDF 数据, 基于 Thilak 方法、Hyde 方法和本书提出的方法, 对样品材料的复折射率进行反演估算. 由于每一个入射角条件下的 pBRDF 数据都可以反演出一组复折射率参数 n-k 的估算值, 因此每一种方法对于每一种样品都给出了 8 组估算结果.

对两种样品在不同入射角条件下分别使用三种方法得到的复折射率参数 n-k 估算结果如表 7-1 和表 7-2 所示.

表 7-1　三种方法给出的 SR107 复折射率参数估算结果

入射角	Thilak 方法估算结果		Hyde 方法估算结果		本书方法估算结果	
	n	k	n	k	n	k
$\theta_i = 10°$	7.4437	0.7111	10.4854	3.6479	2.1060	0.1058
$\theta_i = 20°$	28.3232	0.9239	3.1501	0.8731	2.2222	0.3704
$\theta_i = 30°$	42.5906	0.9875	5.3072	1.6640	2.4921	0.2950
$\theta_i = 40°$	0.3943	1.2648	6.8084	3.0059	2.3009	0.6383
$\theta_i = 50°$	6.8494	0.0001	8.4856	5.5556	2.2687	0.7510
$\theta_i = 60°$	17.5201	0.7185	5.2261	1.2175	2.2424	0.8531
$\theta_i = 70°$	17.0499	0.0120	5.6391	1.5772	2.2836	0.8682
$\theta_i = 80°$	21.9616	1.1902	4.2612	4.2343	2.4479	0.6186

表 7-2　三种方法给出的 S781 复折射率参数估算结果

入射角	Thilak 方法估算结果		Hyde 方法估算结果		本书方法估算结果	
	n	k	n	k	n	k
$\theta_i = 10°$	32.9211	0.9841	15.2023	2.3434	1.8393	0.0000
$\theta_i = 20°$	34.9077	0.9332	3.4056	1.4558	2.2902	0.3013
$\theta_i = 30°$	52.9571	0.9786	7.3974	3.5469	2.3266	0.4647
$\theta_i = 40°$	24.3710	0.1212	3.3304	3.3365	2.2872	0.6485
$\theta_i = 50°$	6.2688	0.8566	10.6254	3.0891	2.2999	0.6958
$\theta_i = 60°$	13.8230	0.7771	3.9170	2.7680	2.2599	0.8166
$\theta_i = 70°$	11.6080	0.7082	5.5740	1.9125	2.2315	0.9389
$\theta_i = 80°$	12.6690	0.5708	4.8730	3.6502	2.5757	0.0001

由表 7-1 和表 7-2 能够看出, 相较 Thilak 和 Hyde 提出的方法, 本书方法给出的估算结果与样品复折射率的理论值 ($\tilde{n} = 1.998 - 0i$) 明显更为接近. 考虑到复折射率估算结果是二维数组的形式, 为了显示得更加直观, 本书将三种方法给出的估算结果显示在二维的 n-k 平面内, 每一个复折射率反演估算的结果显示为平面内的一个点, 不同方法估算的结果用不同颜色表示, 如图 7-5 和图 7-6 所示.

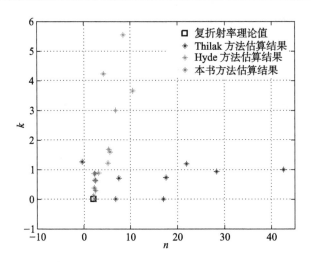

图 7-5 三种方法对 SR107 复折射率估算结果的 n-k 空间分布 (彩图见封底二维码)

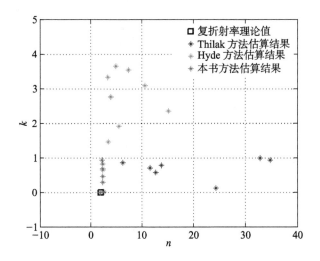

图 7-6 三种方法对 S781 复折射率估算结果的 n-k 空间分布 (彩图见封底二维码)

可以看到, 本书方法给出的估算结果在 n-k 空间的分布与样品复折射率理论值比较接近, 而 Thilak 和 Hyde 提出方法的估算结果距离理论值都比较远, 显示出较大的误差, 其中 Thilak 方法给出的估算结果中 n 的值过大, 误差非常大, 相较而言, Hyde 方法使得 n 值的估算误差有所减小, 但 k 值的误差非常大. 为了考量复折射率估算的误差, 本书引入 "n-k 空间平均欧式距离误差" 的概念来定量比较各种方法的估算误差, 定义 n-k 空间平均欧式距离误差 D 为二维的 n-k 空间

上各估算点与理论值点欧式距离的平均值:

$$D = \frac{1}{n} \sum_{i=1}^{n} \sqrt{(n_i - n_{\mathrm{t}})^2 + (k_i - k_{\mathrm{t}})^2} \qquad (7\text{-}14)$$

式中, n_i 和 k_i 分别为第 i 组测试数据给出的估算结果, n_{t} 和 k_{t} 分别为样品复折射率理论值的实部和虚部, n 为实验测试的次数, 在本书的计算中 n 取 8. 根据上述 n-k 空间平均欧式距离误差的概念, 对 Thilak 方法、Hyde 方法和本书方法对两种样品复折射率估算结果的误差进行了定量计算, 如图 7-7 所示.

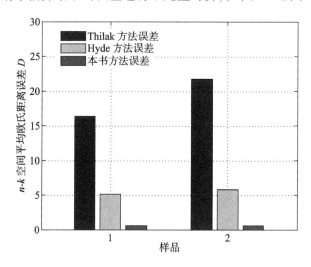

图 7-7　三种复折射率估算方法对两块卫星涂层样品的 n-k 空间平均欧氏距离误差

从三种复折射率估算方法的 n-k 空间平均欧氏距离误差对比能够看出, Thilak 方法对样品复折射率估算的误差最大, D 分别为 16.3231 和 21.7165; Hyde 方法对两种样品的 D 分别为 5.1026 和 5.8403; 本书提出的估算方法误差最小, 对两种样品的 D 分别为 0.6838 和 0.6274. 本书提出的方法对两种样品复折射率的估算误差仅为 Thilak 方法估算误差的 4.19% 和 2.89%, 为 Hyde 方法估算误差的 13.40% 和 10.74%, 说明本书提出的方法能够显著地减小现有方法的误差, 大幅提升目标复折射率的估算精度.

7.2.4　材料分类识别效果

根据本书提出的复折射率反演估算方法, 基于 pBRDF 实验测量数据, 本书利用最小二乘拟合法对六种空间目标材料的复折射率进行了反演估算, 将得到的反演估算结果与各种材料样品复折射率的理论值进行了比较, 如表 7-3 所示. 其中, 两种热控涂层材料复折射率的反演估算结果是不同入射角下多次反演估算结果的平均值, 两种保温包覆层材料的复折射率理论值没有查到, 故表中相应位置数据空缺.

表 7-3　空间目标材料复折射率理论值与反演估算结果比较

材料类别	样品名称	复折射率指标	理论值	反演估算结果
热控涂层	SR107	n	1.998	2.2760
		k	0	0.5877
	S781	n	1.998	2.2413
		k	0	0.6643
太阳能电池板	单晶硅	n	3.420	3.6432
		k	0	0.0001
	砷化镓	n	3.866	3.6373
		k	0	-0.6889
保温包覆层	金色包覆层	n	—	0.6237
		k	—	5.3929
	银色包覆层	n	—	1.038
		k	—	5.861

为了将表 7-3 中的数据显示得更加直观, 使读者更加方便地观察各类空间目标材料复折射率的反演精度差异规律, 下面将空间目标材料复折射率的反演估算结果显示在 n-k 二维空间, 如图 7-8 所示.

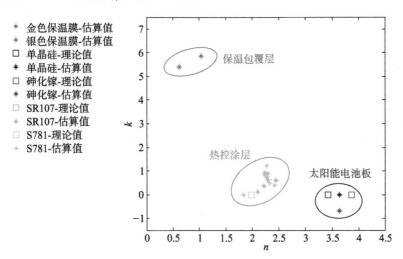

图 7-8　基于复折射率反演结果的空间目标材料分类识别结果 (彩图见封底二维码)

由图 7-8 可见, 热控涂层材料和太阳能电池板材料的复折射率反演估算结果与其理论值比较接近, 由于没有查到保温包覆层材料复折射率的相关资料, 图中

没有给出保温包覆层材料复折射率的理论值; 每一类的两种空间目标材料的理论
值和估算值都比较接近, 但不同类别材料的复折射率分布距离较远, 即三种类别空
间目标材料的复折射率差异比较大; 热控涂层和太阳能电池板材料复折射率理论
值和估算值的虚部 k 都在零附近, 说明这两类材料体现出非金属材料的性质, 而
保温包覆层复折射率虽然没有给出理论值, 但根据其 k 值比较大的特征推断保温
包覆层具有显著的金属材料的特征, 金色包覆层和银色包覆层材料的复折射率与
金 ($n = 0.285, k = 7.3523$) 和银 ($n = 0.05, k = 4.43$) 的复折射率非常相近, 说明
金色包覆层和银色包覆层材料从偏振特性中体现出与金和银十分相似的特征.

从图 7-8 中的材料分类结果可见, 基于复折射率反演估算的空间目标材料分
类识别方法能够很好地将不同类别的材料在 n-k 空间进行区分, 而且可以通过复
折射率的值来确定被测目标材料的种类, 从而达到识别材料的目的.

7.3　空间目标材料偏振特征提取方法研究

7.3.1　目标偏振特征提取方法

偏振是光波在其电矢量振动不同方向上的分布特征, 光波在不同的偏振方向
上的强度分量各不相同, 经过长期的研究发展, 人们总结出一些偏振指标来表征光
的偏振态或与光作用介质的偏振特性. 实际上, 这些偏振特性指标也可以看作广义
的特征提取和数据降维, 比如 Stokes 矢量就是不同偏振角度分量光强之和或之差
的形式, 将 0°、45°、90°、135°、左旋和右旋偏振分量共六个特征量转换为四个特
征量, 实现了特征转换和数据降维;DOP 和 DOLP 又对 Stokes 矢量进行了特征
提取和数据降维, 通过对 Stokes 矢量元素进行计算, 将 Stokes 矢量的四个特征量
转换成一个特征量. Stokes 矢量、DOP 和 DOLP 之所以能够作为光的偏振特征,
在偏振探测与识别中获得良好的效果, 是因为它们体现的都是不同方向偏振分量
之间的差异特征. 不同的材料体现出不同的方向偏振分量差异特征, 偏振成像就是
利用这种方向偏振分量差异特征的不同来区分和识别不同材质的目标, 达到偏振
成像探测与识别的目的, 同时降低了特征维度, 使偏振特征能够方便地显示在一
幅图像中.

在偏振特征提取方面, 除了从物理角度使用常用的偏振指标之外, 还可以从数
据分析的角度考虑模式识别领域的特征提取方法. 特征提取是指通过映射或变换
的方法获得最有效的特征, 实现特征空间从高维到低维的变换. 主成分分析 (prin-
cipal component analysis, PCA) 法是模式识别判别分析中最常用的一种线性映
射方法, PCA 的主要思想是找到一个投影映射, 将样本从高维空间降到低维空间

的同时保留尽可能多的方差 (能量), 其本质上是一个降维过程, 就是寻找、保留数据中最有效、最重要的 "成分", 舍去一些冗余的、包含信息量少的 "成分" 的过程 [215].

在偏振成像对目标进行分类识别时, 希望获取的图像中各个方向的偏振分量差异尽可能大, 这样不同材质目标的特征差异就越大. 由此想到, 除了 DOP 等常用的偏振指标能够达到凸显各个方向偏振分量差异的效果, 利用模式识别中的特征提取方法也能达到这样的效果: 如果将多组正交偏振分量作差, 将得到多个正交偏振差分, 但此时的偏振探测识别效果往往不理想, 如果在此基础上将多个正交偏振差分进行特征提取, 如进行主成分分析, 提取正交偏振差分的最主要特征, 那么得到的结果将是最大化显示偏振分量差异的特征图像, 这将是偏振成像探测中希望得到的目标分类识别依据. 本书提出的偏振特征提取方法如图 7-9 所示.

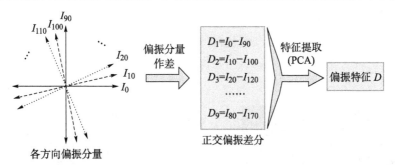

图 7-9 偏振特征提取方法示意图

首先通过旋转偏振片等方式获取场景各个角度的偏振分量 $I_0 \sim I_{170}$, 此处选取的角度间隔为 $10°$, 然后对各组正交的偏振分量作差, 得到九组正交偏振差分 $D_1 \sim D_9$, 再对这九组正交偏振差分通过 PCA 算法进行特征提取, 将处理得到的主成分特征 D 定义为偏振特征.

7.3.2 偏振成像特征提取实验与分析

根据 7.3.1 节提出的偏振特征提取方法, 本书对空间目标材料进行了偏振成像和特征提取处理, 将金色包覆层、银色包覆层、SR107、S781、单晶硅和砷化镓六种空间目标材料样品同时进行成像. 为了研究被动探测条件下的空间目标偏振特性, 考察随机偏振态的太阳光照射下的空间目标材料偏振特征提取效果, 本书使用宽谱段随机偏振态的积分球光源照射空间目标材料样品, 通过调整光源和探测器的位置使得入射角和反射角相等, 在入射角和反射角为 $45°$、$60°$ 和 $75°$ 的条件下进行了三组成像实验, 图 7-10 所示为入射角和反射角为 $45°$ 下的强度图像.

由图 7-10 可见, 两种保温包覆层和单晶硅的反射率很高, 强度成像时很容易

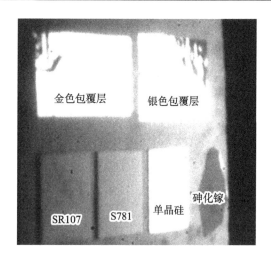

图 7-10　入射角和反射角为 45° 下的强度图像

达到过饱和, 而两种热控涂层和砷化镓的反射率较低, 在图像中显得较暗. 通过成像采集 0°、45°、90° 和 135° 偏振分量图像, 计算得到 S_1、S_2 和 DOLP 图像, 如图 7-11 所示.

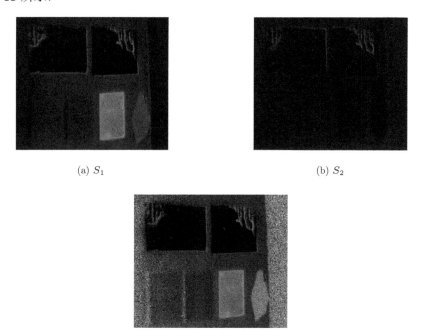

(a) S_1 (b) S_2

(c) DOLP

图 7-11　入射角和反射角为 45° 下的 S_1、S_2 和 DOLP 图像

由图 7-11 与图 7-10 比较可见, 除了 S_1 图像中的单晶硅部分比较亮之外, S_1

和 S_2 图像整体都很暗, DOLP 图像中各类样品的灰度特征不同, 太阳能电池板的两种样品最亮, 热控涂层材料其次, 保温包覆层材料最暗, 同类材料的样品体现出相似的 DOLP 特征, 说明 DOLP 成像能够区分不同类别的空间目标材料.

本章使用积分球光源照射样品材料, 通过调整 CCD 相机前的偏振片角度获取样品反射光的各个角度偏振分量, 偏振角度从 $0°$ 到 $170°$, 间隔 $10°$, 共得到 18 个角度下的偏振分量 $I_0 \sim I_{170}$, 通过图像作差获得 9 组正交偏振差分图像 $D_1 \sim D_9$, 如图 7-12 所示.

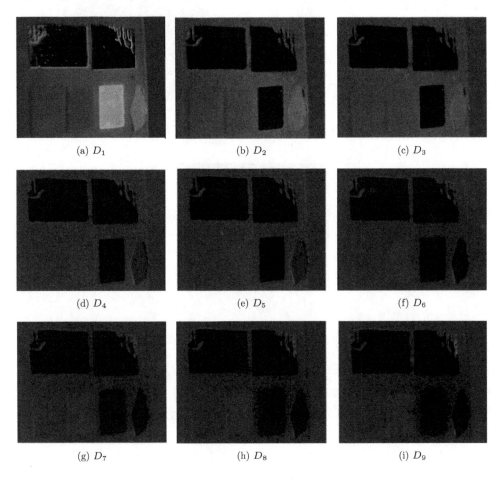

(a) D_1 (b) D_2 (c) D_3

(d) D_4 (e) D_5 (f) D_6

(g) D_7 (h) D_8 (i) D_9

图 7-12 入射角和反射角为 $45°$ 下的 9 幅正交偏振差分图像

由图 7-12 可见, 9 幅正交偏振差分图像除了 D_1 中的单晶硅样品部分较亮之外, 其余的图都非常暗, 无法区分不同类别的空间目标材料, 甚至难以辨别样品目标的轮廓, 其原因在于光的最大偏振分量方向只有一个, 该方向对应的正交偏振差分最大, 而其他方向的正交偏振差分都很小, 因此只有少数正交偏振差分图像能较好地显示目标信息, 其余很多正交偏振差分图像都是 "冗余" 的.

对以上 9 幅正交偏振差分图像进行 PCA 处理, 提取处理结果中的主成分, 得到偏振特征图像, 为了方便与强度图像和 DOLP 图像进行比较, 将三幅图一并显示, 如图 7-13 所示.

(a) 强度图像

(b) DOLP 图像

(c) 偏振特征图像

图 7-13   入射角和反射角为 45° 下的强度、DOLP 和偏振特征图像

与上述入射角和反射角为 45° 条件下的成像实验和偏振特征提取方法相同, 本章对入射角和反射角为 60° 和 75° 条件下的空间目标材料进行偏振成像和特征提取, 并将强度图像、DOLP 图像和偏振特征图像进行对比, 如图 7-14 和图 7-15 所示.

由图 7-13 ~ 图 7-15 所示三组角度条件下的强度图像、DOLP 图像和偏振特征图像可以看出: 强度图像中的两种保温包覆层和单晶硅很亮, 很容易达到灰度饱和, 两种热控涂层和砷化镓样品比较暗, 但在入射角为 75° 时砷化镓的亮度也达到饱和, 通过强度图像无法对各类空间目标材料进行分类识别. 空间目标材料样品的 DOLP 特征与强度特征差异明显, DOLP 图像中两种保温包覆层最暗, 两种热控涂层材料其次, 两种太阳能电池板材料最亮, 通过 DOLP 图像能够较好地对各

(a) 强度图像   (b) DOLP 图像

(c) 偏振特征图像

图 7-14 入射角和反射角为 60° 下的强度、DOLP 和偏振特征图像

(a) 强度图像   (b) DOLP 图像

(c) 偏振特征图像

图 7-15 入射角和反射角为 75° 下的强度、DOLP 和偏振特征图像

类材料进行区分. 偏振特征图像中各类样品的特征与 DOLP 图像相似, 但 DOLP 图像的背景部分十分杂乱, 而偏振特征图像的背景部分为均匀的黑色, 这是由于 DOLP 表达式为 $\sqrt{S_1{}^2 + S_2{}^2}$ 与强度 S_0 的比值, 而背景部分的 S_0、S_1 和 S_2 的值都很小, 接近于零, 因此 DOLP 为极小值与极小值的商, 这会造成计算结果极大的波动, 应当尽量避免, 而特征提取不存在这样的问题; 此外, DOLP 图像中各样品目标显示得比较模糊, 边缘不清晰, 而偏振特征图像中各样品目标灰度显示均匀, 而且边缘十分清晰.

综上所述, 通过本书提出方法处理得到的偏振特征图像能够很好地凸显不同类别空间目标材料的差异. 相较于强度成像结果, 偏振特征图像能够显著提升材料的分类识别能力; 相较于 DOLP 成像结果, 偏振特征图像中的样品目标显示均匀, 轮廓清晰, 避免暗背景下的噪声, 能够明显地提高图像质量和不同材料目标的分类识别效果. 空间目标成像的背景通常很暗, 本书提出的偏振特征提取方法能够发挥其优势, 分辨空间目标不同组成部分以及凸显各部分边缘轮廓方面都有很好的应用前景.

7.4　小　　结

本章对基于偏振信息的材质分类识别方法进行了研究, 分别从偏振指标分布、复折射率反演和偏振特征提取三个角度研究了利用偏振信息进行空间目标材料分类识别的方法及效果. 首先基于本书提出的偏振特性模型研究了被动照射下的反射光归一化 Stokes 矢量以及反射光 DOLP 的概率密度分布, 发现同一类空间目标材料的偏振指标分布特征十分相似, 不同类别材料的偏振指标分布特征差异明显, 体现出偏振特性分布特征具有一定的材料分类识别能力; 在对现有复折射率反演估算方法进行总结的基础上, 推导给出了一种基于 pBRDF 矩阵的复折射率反演估算方法, 实际反演估算结果显示该方法具有较高的精度, 能够将不同类别的空间目标材料进行有效分类识别; 基于模式识别中特征提取的思想和主成分分析方法, 提出对正交偏振差分图像进行主成分分析, 提取主成分获取偏振特征图像, 与强度图像和 DOLP 图像的对比结果显示, 偏振特征图像能够凸显不同类别材料的差异, 提高图像质量和对材料分类识别的能力.

参 考 文 献

[1] Namer E, Shwartz S, Schechner Y Y. Skyless polarimetric calibration and visibility enhancement. Optics Express, 2009, 17(2): 472-493.

[2] Leonard I, Alfalou A, Brosseau C. Sensitive test for sea mine identification based on polarization-aided image processing. Optics Express, 2013, 21(24): 29283-29297.

[3] 赵蓉, 顾国华, 杨蔚. 基于偏振成像的可见光图像增强. 激光技术, 2016, 40(2): 227-231.

[4] Fang S, Xia X S, Huo X, et al. Image dehazing using polarization effects of objects and airlight. Optics Express, 2014, 22(16): 19523-19537.

[5] Liang J, Ren L Y, Ju H J, et al. Visibility enhancement of hazy images based on a universal polarimetric imaging method. Journal of Applied Physics, 2014, 116(17): 820-827.

[6] Mudge J, Virgen M. Real time polarimetric dehazing. Applied Optics, 2013, 52(9): 1932-1938.

[7] Thilak V, Saini J, Voelz D G, et al. Pattern recognition for passive polarimetric data using nonparametric classifiers. Proceedings of SPIE-The International Society for Optical Engineering, 2005: 588816-1-8.

[8] Creusere C D, Voelz D G, Thilak V. Polarization-based index of refraction and reflection angle estimation for remote sensing applications. Applied Optics, 2007, 46(30): 7527-7536.

[9] Hyde M W, Cain S C, Schmidt J D, et al. Material classification of an unknown object using turbulence-degraded polarimetric imagery. IEEE Transactions on Geoscience & Remote Sensing, 2011, 49(1): 264-276.

[10] Nicodemus F E. Directional reflectance and emissivity of an opaque surface. Applied Optics, 1965, 4(7): 767-773.

[11] Maxwell J R, Beard J, Weiner S, et al. Bidirectional reflectance model validation and utilization. Bidirectional Reflectance Model Validation & Utilization, 1973.

[12] 吴振森, 谢东辉, 谢品华, 等. 粗糙表面激光散射统计建模的遗传算法. 光学学报, 2002, 22(8): 897-901.

[13] 杨玉峰, 吴振森, 曹运华. 基于三维重建理论的目标光谱散射特性研究. 光学学报, 2012, 32(9): 288-294.

[14] Torrance K E, Sparrow E M. Theory for off-specular reflection from roughened surfaces. Journal of the Optical Society of America A, 1967, 57(9): 1105-1114.

[15] Cook R L, Torrance K E. A reflectance model for computer graphics. ACM Transactions on Graphics (TOG), 1982, 1(1): 7-24.

[16] Davies H. The reflection of electromagnetic waves from a rough surface. Proceedings of the IEE-Part Ⅳ: Institution Monographs, 1954, 101(7): 209-214.

[17] Beckmann P, Spizzichino A. The Scattering of Electromagnetic Waves from Rough Surfaces. Norwood, MA: Artech House, Inc, 1987: 511.

[18] He X D, Torrance K E, Sillion F X, et al. A comprehensive physical model for light reflection//ACM SIGGRAPH Computer Graphics. ACM, 1991, 25(4): 175-186.

[19] Wolf E. A Generalized Extinction Theorem and its Role in Scattering Theory//Coherence and Quantum Optics. Springer US, 1973: 339-357.

[20] Renhorn I G , Boreman G D. Analytical fitting model for rough-surface BRDF. Optics Express, 2008, 16(17): 12892-12898.

[21] Stogryn A. Electromagnetic scattering from rough, finitely conducting surfaces. Radio Science, 1967, 2(4): 415-428.

[22] Nieto-Vesperinas M, García N. A detailed study of the scattering of scalar waves from random rough surfaces. Journal of Modern Optics, 1981, 28(12): 1651-1672.

[23] Bahar E, Chakrabarti S. Full-wave theory applied to computer-aided graphics for 3D objects. IEEE Computer Graphics and Applications, 1987, 7(7): 46-60.

[24] Granier X, Heidrich W. A simple layered RGB BRDF model. Graphical Models, 2003, 65(4): 171-184.

[25] Kajiya J T. Anisotropic reflection models//ACM SIGGRAPH Computer Graphics. ACM, 1985, 19(3): 15-21.

[26] Poulin P, Fournier A. A model for anisotropic reflection//ACM SIGGRAPH Computer Graphics. ACM, 1990, 24(4): 273-282.

[27] Oren M, Nayar S K. Generalization of Lambert's reflectance model//Proceedings of the 21st annual conference on Computer graphics and interactive techniques. ACM, Orlando, FL, USA, 1994: 239-246.

[28] Nayar S K, Oren M. Visual appearance of matte surfaces. Science, 1995, 267(5201): 1153.

[29] Shirley P, Smits B, Hu H, et al. A practitioners' assessment of light reflection models// The Fifth Pacific Conference on Computer Graphics and Applications. IEEE, Seoul, 1997: 40-49.

[30] Ashikhmin M, Shirley P. An anisotropic phong BRDF model. Journal of Graphics Tools, 2000, 5(2): 25-32.

[31] Sun Y. Statistical ray method for deriving reflection models of rough surfaces. Journal of the Optical Society of America A, 2007, 24(3): 724.

[32] An C H, Zeringue K J. Polarization scattering from rough surfaces based on the vector Kirchhoff diffraction model//Optical Science and Technology, SPIE's 48th Annual Meeting. International Society for Optics and Photonics, San Diego, CA, 2003: 205-216.

[33] Thorsos E I. The validity of the Kirchhoff approximation for rough surface scattering using a Gaussian roughness spectrum. Journal of the Acoustical Society of America, 1988, 83(1): 78-92.

[34] Van G B, Stavridi M, Koenderink J J. Diffuse and specular reflectance from rough surfaces. Applied Optics, 1998, 37(1): 130-139.

[35] Phong B T. Illumination for computer generated pictures. Communications of the ACM, 1975, 18(6): 311-317.

[36] Sandford B P, Robertson D C. Infrared reflectance properties of aircraft paints. IRIS Targets, Backgrounds and Discrimination, 1985.

[37] Minnaert M. The reciprocity principle in lunar photometry. The Astrophysical Journal, 1941, 93(3): 403-410.

[38] Lewis R R. Making shaders more physically plausible. Computer Graphics Forum, 1994, 13(2): 109-120.

[39] Neumann L, Neumann A. A new class of BRDF models with fast importance sampling. Technical Report TR-186-2-96-24, Institute of Computer Graphics, Vienna University of Technology, www. cg. tuwien. ac. at, 1996.

[40] Strauss P S. A realistic lighting model for computer animators. IEEE Computer Graphics and Applications, 1990, (6): 56-64.

[41] Ward G J. Measuring and modeling anisotropic reflection. ACM Siggraph Computer Graphics, 1992, 26(2): 265-272.

[42] Schlick C. A customizable reflectance model for everyday rendering. Fourth Eurographics Workshop on Rendering, 1993: 73-83.

[43] Schlick C. A Fast Alternative to Phong's Specular Model. Graphics Gems IV. Academic Press Professional, Inc, 1994: 385-387.

[44] Schlick C. An inexpensive BRDF model for physically-based rendering. Computer Graphics Forum, Oslo, Norway, 1994, 13(3): 233-246.

[45] Lafortune E P F, Foo S C, Torrance K E, et al. Non-linear approximation of reflectance functions. Proceedings of the 24th Annual Conference on Computer Graphics and Interactive Techniques. ACM Press/Addison-Wesley Publishing Co., 1997: 117-126.

[46] Guo L X, Gou X, Zhang L B. Bidirectional reflectance distribution function modeling of one-dimensional rough surface in the microwave band. Chinese Physics B, 2014, 23(11): 302-310.

[47] Bai L, Wu Z, Zou X, et al. Seven-parameter statistical model for BRDF in the UV band. Optics Express, 2012, 20(11): 12085-12094.

[48] Wang K, Zhu J P, Liu H, et al. Model of bidirectional reflectance distribution function for metallic materials. Chinese Physics B, 2016, 25(9): 094201.

[49] Liu H, Zhu J P, Wang K, et al. Three-component model for bidirectional reflection distribution function of thermal coating surfaces. Chinese Physics Letters, 2016, 33(6): 064204.

[50] 刘宏, 朱京平, 王凯. 基于随机表面微面元理论的二向反射分布函数几何衰减因子修正. 物理学报, 2015, 64(18): 184213.

[51] Schott J R. Fundamentals of Polarimetric Remote Sensing. Bellingham,WA: SPIE Press, 2009.

[52] Hess M, Priest R. Comparison of polarization bidirectional reflectance distribution function (BRDF) models. Aerospace Conference, 1999, 4: 95-102.

[53] Flynn D S, Alexander C. Polarized surface scattering expressed in terms of a bidirectional reflectance distribution function matrix. Optical Engineering, 1995, 34(6): 1646-1650.

[54] Ellis K K. Polarimetric bidirectional reflectance distribution function of glossy coatings. Journal of the Optical Society of America, 1996, 13(8): 1758-1762.

[55] Ellis K K, Jones F N, Chu G, et al. First-Principles coatings reflectance model validation. Proceedings of the Sixth Annual Ground Target Modeling and Validation Conference, 1995: 22-24.

[56] Priest R G, Gerner T A. Polarimetric BRDF in the microfacet model: theory and measurements. Naval Research Lab Washington DC, 2000.

[57] Wellems D, Serna M, Sposato S H, et al. Spectral polarimetric BRDF model and comparison to measurements from isotropic roughened glass. Workshop on Multi/Hyperspectral Sensors, Measurements, Modeling and Simulation, 2000.

[58] Priest R G, Meier S R. Polarimetric microfacet scattering theory with applications to absorptive and reflective surfaces. Optical Engineering, 2002, 41(5): 988-993.

[59] Meyers J. Modeling polarimetric imaging using DIRSIG. 2002.

[60] Shell I I, James R. Polarimetric remote sensing in the visible to near infrared. 2005.

[61] Gartley M G. Polarimetric modeling of remotely sensed scenes in the thermal infrared. 2007.

[62] Devaraj C. Polarimetric remote sensing system analysis: digital imaging and remote sensing image generation (DIRSIG) model validation and impact of polarization phenomenology on material discriminability. Rochester Institute of Technology, 2010.

[63] Presnar M D. Modeling and simulation of adaptive multimodal optical sensors for target tracking in the visible to near infrared. 2010.

[64] Zhang T. Multiple-target tracking using spectropolarimetric imagery. 2013.

[65] Fetrow M P, Wellems D, Sposato S H, et al. Results of a new polarization simulation. International Symposium on Optical Science and Technology. International Society for Optics and Photonics, 2002: 149-162.

[66] Duncan D D, Hahn D V, Thomas M E. Physics-based polarimetric BRDF models. Optical Science and Technology, SPIE's 48th Annual Meeting. International Society for Optics and Photonics, 2003: 129-140.

[67] Hyde M W, Schmidt J D, Havrilla M J. A geometrical optics polarimetric bidirectional reflectance distribution function for dielectric and metallic surfaces. Optics Express, 2009, 17(24): 22138-22153.

[68] 曹慧, 高隽, 王玲妹, 等. 微粗糙基底上多层涂层光散射偏振建模与特性研究. 光谱学与光谱分析, 2016, 36(3): 640-647.

[69] 谢东辉, 王培娟, 朱启疆, 等. 单叶片偏振 BRDF 建模及参数反演. 光谱学与光谱分析, 2010, 30(12): 3324-3328.

[70] 冯巍巍, 魏庆农, 汪世美, 等. 涂层表面偏振双向反射分布函数的模型研究. 光学学报, 2008, 28(2): 290-294.

[71] 陈超, 赵永强, 程咏梅, 等. 背景偏振光谱二向反射分布函数建模分析. 光电子·激光, 2009, 20(3): 369-373.

[72] 王霞, 邹晓风, 金伟其. 粗糙表面反射辐射偏振特性研究. 北京理工大学学报, 2011, 31(11): 1327.

[73] 相云, 晏磊, 赵云升, 等. 抛光花岗岩的二向反射比与偏振度的波谱关系. 地理与地理信息科学, 2011, 27(1): 25-28.

[74] Liu H, Zhu J P, Wang K. Modified polarized geometrical attenuation model for bidirectional reflection distribution function based on random surface microfacet theory. Optics Express, 2015, 23(17): 22788-22799.

[75] Liu H, Zhu J P, Wang K, et al. Polarized BRDF for coatings based on three-component assumption. Optics Communications, 2017, 384: 118-124.

[76] 凌晋江, 李钢, 张仁斌, 等. 偏振光谱 BRDF 建模与仿真. 光谱学与光谱分析, 2016, 36(1): 42-46.

[77] 马帅, 白廷柱, 曹峰梅, 等. 基于双向反射分布函数模型的红外偏振仿真. 光学学报, 2009, (12): 3357-3361.

[78] Vanderbilt V C, Grant L. Plant canopy specular reflectance model. IEEE Transactions on Geoscience and Remote Sensing, 1985, (5): 722-730.

[79] Rondeaux G, Herman M. Polarization of light reflected by crop canopies. Remote Sensing of Environment, 1991, 38(1): 63-75.

[80] Bréon F M, Tanre D, Lecomte P, et al. Polarized reflectance of bare soils and vegetation: measurements and models. IEEE Transactions on Geoscience and Remote Sensing, 1995, 33(2): 487-499.

[81] Walraven R. Polarization imagery. Optical Engineering, 1981, 20(1): 200114.

[82] 刘建国. 波段随机调谐偏振成像光谱技术研究. 合肥: 中国科学院安徽光学精密机械研究所, 1999.

[83] 曹汉军, 乔延利, 杨伟锋, 等. 偏振遥感图像特性表征及分析. 量子电子学报, 2002, 19(4): 373-378.

[84] 叶松, 邓东锋, 孙晓兵, 等. 偏振光谱的土壤湿度遥感方法实验研究. 光谱学与光谱分析, 2016, 36(5): 1434-1439.

[85] 孙仲秋, 赵云升. 基于地表偏振反射模型的植被冠层偏振反射特性研究. 激光与光电子学进展, 2016, (10): 250-258.

[86] Ben-Dor B, Oppenheim U P, Balfour L S. Polarization properties of targets and backgrounds in the infrared//8th Meeting in Israel on Optical Engineering. International Society for Optics and Photonics, 1993: 68-77.

[87] Vanderbilt V C, Grant L, Daughtry C S T. Polarization of light scattered by vegetation. Proceedings of the IEEE, 1985, 73(6): 1012-1024.

[88] 李正强. 地面光谱多角度和偏振探测研究大气气溶胶. 合肥: 中国科学院安徽光学精密机械研究所, 2004.

[89] Egan W G, Liu Q. Polarized MODTRAN 3.7 applied to characterization of ocean color in the presence of aerosols//International Symposium on Optical Science and Technology. International Society for Optics and Photonics, 2002: 228-241.

[90] Devaux C, Vermeulen A, Deuze J L, et al. Retrieval of aerosol single-scattering albedo from ground-based measurements: application to observational data. Journal of Geophysical Research: Atmospheres, 1998, 103(D8): 8753-8761.

[91] Vermeulen A, Devaux C, Herman M. Retrieval of the scattering and microphysical properties of aerosols from ground-based optical measurements including polarization. I. Method. Applied Optics, 2000, 39(33): 6207-6220.

[92] Andre Y, 李玲. POLDER 仪器的原理和性能 (上) . 红外, 1997, 11(1): 1-8.

[93] 孙晓兵, 乔延利, 洪津, 等. 人工目标偏振特征实验研究. 高技术通讯, 2003, 13(8): 23-27.

[94] Rowe M P, Pugh E N, Tyo J S, et al. Polarization-difference imaging: a biologically inspired technique for observation through scattering media. Optics Letters, 1995, 20(6): 608-610.

[95] Tyo J S, Rowe M P, Pugh E N, et al. Target detection in optically scattering media by polarization-difference imaging. Applied Optics, 1996, 35(11): 1855-1870.

[96] Tyo J S, Pugh E N, Engheta N. Colorimetric representations for use with polarization-difference imaging of objects in scattering media. Journal of the Optical Society of America A, 1998, 15(2): 367-374.

[97] Tyo J S. Enhancement of the point-spread function for imaging in scattering media by use of polarization-difference imaging. Journal of the Optical Society of America A, 2000, 17(1): 1-10.

[98] Chenault D B, Pezzaniti J L. Polarization imaging through scattering media//International Symposium on Optical Science and Technology. International Society for Optics and Photonics, 2000: 124-133.

[99] Goldstein D H. Polarimetric characterization of federal standard paints//International Symposium on Optical Science and Technology. International Society for Optics and Photonics, 2000: 112-123.

[100] Forssell G. Surface landmine and trip-wire detection using calibrated polarization measurements in the LWIR and SWIR//International Symposium on Optical Science and Technology. International Society for Optics and Photonics, 2001: 41-51.

[101] Egan W G, Duggin M J. Optical enhancement of aircraft detection using polarization. International Society for Optics and Photonics, 2000: 172-178.

[102] Egan W G, Duggin M J. Synthesis of optical polarization signatures of military aircraft. International Society for Optics and Photonics, 2002: 188-194.

[103] Egan W G. Detection of vehicles and personnel using polarization. International Society for Optics and Photonics, 2000: 233-237.

[104] Forssell G, Hedborg-Karlsson E. Measurements of polarization properties of camouflaged objects and of the denial of surfaces covered with cenospheres. AeroSense 2003, International Society for Optics and Photonics, 2003: 246-258.

[105] Aron Y, Gronau Y. Polarization in the LWIR: a method to improve target aquisition// Defense and Security. International Society for Optics and Photonics, 2005: 653-661.

[106] Gurton K, Felton M, Mack R, et al. MidIR and LWIR polarimetric sensor comparison study//SPIE Defense, Security, and Sensing. International Society for Optics and Photonics, 2010: 767205-767205-14.

[107] Woolley M, Michalson J, Romano J. Observations on the polarimetric imagery collection experiment database//SPIE Optical Engineering+ Applications. International Society for Optics and Photonics, 2011: 81600P-81600P-16.

[108] Ratliff B M, LeMaster D A, Mack R T, et al. Detection and tracking of RC model aircraft in LWIR microgrid polarimeter data//SPIE Optical Engineering+ Applications. International Society for Optics and Photonics, 2011: 816002-816002-13.

[109] 孙玮, 刘政凯, 单列. 利用偏振技术识别人造目标. 光学技术, 2004, 30(3): 267-269.

[110] Collett E. Polarized light—fundamentals and applications//Optical Engineering, New York: Dekker, 1993.

[111] 廖延彪. 偏振光学. 北京: 科学出版社, 2003.

[112] Ortega-Quijano N, Arce-Diego J L. Mueller matrix differential decomposition. Optics Letters, 2011, 36(10): 1942-1944.

[113] Noble H D, Chipman R A. Mueller matrix roots algorithm and computational considerations. Optics Express, 2012, 20(1): 17-31.

[114] Nicodemus F E, Richmond J C, Hsia J J, et al. Geometrical considerations and nomenclature for reflectance// Radiometry. Jones and Bartlett Publishers. US Department of Commerce, National Bureau of Standards, 1977: 94-145.

[115] 母国光, 战元龄. 光学. 2 版. 北京: 高等教育出版社, 2009.

[116] 马科斯·玻恩, 埃米尔·沃耳夫. 光学原理. 7 版. 杨葭荪, 译. 北京: 电子工业出版社, 2006.

[117] Newell M E, Blinn J F. The progression of realism in computer generated images// Proceedings of the 1977 Annual Conference. ACM, 1977: 444-448.

[118] Blinn J F, Newell M E. Texture and reflection in computer generated images. Communications of the ACM, 1976, 19(10): 542-547.

[119] Anna G, Sauer H, Goudail F, et al. Fully tunable active polarization imager for contrast enhancement and partial polarimetry. Applied Optics, 2012, 51(21): 5302-5309.

[120] Anna G, Goudail F, Chavel P, et al. On the influence of noise statistics on polarimetric contrast optimization. Applied Optics, 2012, 51(8): 1178-1187.

[121] Anna G, Bertaux N, Galland F, et al. Joint contrast optimization and object segmentation in active polarimetric images. Optics Letters, 2012, 37(16): 3321-3323.

[122] Guan J G, Zhu J P. Target detection in turbid medium using polarization-based range-gated technology. Optics Express, 2013, 21(12): 14152.

[123] Wang K, Zhu J P, Liu H, et al. Expression of the degree of polarization based on the geometrical optics pBRDF model. Journal of the Optical Society of America A, 2017, 34(2): 259-263.

[124] Wang K, Zhu J P, Liu H. Degree of polarization based on the three-component pBRDF model for metallic materials.Chinese Physics B, 2017, 26(2): 024210.

[125] Thilak V, Creusere C D, Voelz D G. Passive polarimetric imagery based material classification for remote sensing applications//IEEE Southwest Symposium on Image Analysis and Interpretation. IEEE, 2008: 153-156.

[126] Born M, Wolf E, Hecht E. Principles of Optics: Electromagnetic Theory of Propagation, Interference and Diffraction of Light. UK: Pergamon, 1980.

[127] Azzam M A, Bashara N M, Ballard S S. Ellipsometry and Polarized Light. Amsterdam: North-Holland Pub. Co, 1977.

[128] Liao P F, Hermann G. Polarized Light. Hoboken: The Optics Encyclopedia, 2005.

[129] 张楠, 王飞, 刘俊, 等. 基于偏振成像技术的空间大气偏振模式分布获取. 激光与光电子学进展, 2015, 52(9): 128-135.

[130] 王晨光, 张楠, 李大林, 等. 利用全天域大气偏振检测的航向角解算. 光电工程, 2015, 42(12): 60-66.

[131] Gavrilov N M, Kshevetskii S P. Verifications of the nonlinear numerical model and polarization relations of atmospheric acoustic-gravity waves. Geoscientific Model Development, 2015, Discussion(7): 7805-7822.

[132] Kattawar G W, Yang P, You Y, et al. Polarization of Light in the Atmosphere and Ocean. Berlin: Springer Berlin Heidelberg, 2016.

[133] Morozhenko A V, Vidmachenko A P, Nevodovskiy P V, et al. On the efficiency of polarization measurements while studying aerosols in the terrestrial atmosphere. Kinematics & Physics of Celestial Bodies, 2014, 30(1): 11-21.

[134] 徐文茹, 韩阳, 秦艳, 等. 盐渍化土壤偏振高光谱信息与土壤线的关系初探. 光谱学与光谱分析, 2015, (10): 2856-2861.

[135] 焦健楠, 赵海盟, 杨彬, 等. 基于 RSP 的植被多角度偏振特性研究. 光谱学与光谱分析, 2016, 36(2): 454-458.

[136] 张莉莉. 利用偏振高光谱反演植被叶绿素含量. 长春: 东北师范大学, 2007.

[137] 叶松, 孙旭霞, 汪杰君, 等. 可见光波段的矿石多角度反射偏振特性研究. 激光技术, 2017, 41(1): 85-90.

[138] 朱兴, 赵虎, 叶小杭, 等. 岩石矿物的偏振反射光谱与物质折射率的关系研究. 遥感信息, 2012, 27(3): 67-70.

[139] Nordsiek S, Diamantopoulos E, Hördt A, et al. Relationships between soil hydraulic parameters and induced polarization spectra. Near Surface Geophysics, 2016, 14(1): 23-37.

[140] Gobrecht A, Bendoula R, Roger J M, et al. A new optical method coupling light polarization and Vis-NIR spectroscopy to improve the measurement of soil carbon content. Soil & Tillage Research, 2016, 155: 461-470.

[141] Peltoniemi J I, Gritsevich M, Puttonen E. Reflectance and Polarization Characteristics of Various Vegetation Types. Berlin: Springer, 2015.

[142] Kallel A, Gastellu-Etchegorry J P. 3-D vector radiative transfer for vegetation cover polarized BRDF modeling. International Conference on Advanced Technologies for Signal and Image Processing, 2016: 499-504.

[143] Shin S W, Park S G, Shin D B. Spectral-induced polarization characteristics of rock types from the skarn deposit in Gagok Mine, Taebaeksan Basin, South Korea. Environmental Earth Sciences, 2015, 73(12): 8325-8331.

[144] Park J, Lee K H, Seo H, et al. Role of induced electrical polarization to identify soft groundfractured rock conditions. Journal of Applied Geophysics, 2017, 137(6): 63-72.

[145] 何宏辉, 曾楠, 廖然, 等. 偏振光成像技术用于肿瘤病变检测的研究进展. 生物化学与生物物理进展, 2015, (5): 419-433.

[146] Fiorillo A S, Rudenko S P, Stetsenko M O, et al. Optical polarization properties of zeolite thin films: Aspects for medical applications. IEEE International Symposium on Medical Measurements and Applications, 2016: 1-4.

[147] Johansson M, Denardo D G, Coussens L M. Polarized immune responses differentially regulate cancer development. Immunological Reviews, 2010, 222(1): 145-154.

[148] Stepanian P M, Horton K G, Melnikov V M, et al. Dual-polarization radar products for biological applications. Ecosphere, 2016, 7(11): 1-27.

[149] Mei L D, Chao Z, Jin H L. Coherence and polarization properties of laser propagating through biological tissues. Journal of Photochemistry & Photobiology B Biology, 2017, 172(9): 88-94.

[150] 申茜, 李俊生, 张兵, 等. 水面原位多角度偏振反射率光谱特性分析与离水辐射提取. 光谱学与光谱分析, 2016, 36(10): 3269-3273.

[151] 梁远安, 易维宁, 黄红莲. 基于偏振信息融合的海洋背景目标检测. 大气与环境光学学报, 2016, 11(1): 60-67.

[152] Tashvigh A A, Fouladitajar A, Ashtiani F Z. Modeling concentration polarization in crossflow microfiltration of oil-in-water emulsion using shear-induced diffusion. Desalination, 2015, 357(2): 225-232.

[153] Armstrong J, Bresme F. Temperature inversion of the thermal polarization of water. Physical Review E Statistical Nonlinear & Soft Matter Physics, 2015, 92(6): 103-108.

[154] Kudryavtsev V, Kozlov I, Chapron B, et al. Quad-polarization SAR features of ocean currents. Journal of Geophysical Research Oceans, 2015, 119(9): 6046-6065.

[155] Hieronymi M. Polarized reflectance and transmittance distribution functions of the ocean surface. Optics Express, 2016, 24(14): 1045-1068.

[156] Touzi R, Hurley J, Vachon P W. Optimization of the degree of polarization for enhanced ship detection using polarimetric RADARSAT-2. IEEE Transactions on Geoscience & Remote Sensing, 2015, 53(10): 5403-5424.

[157] 姜会林, 付强, 段锦, 等. 红外偏振成像探测技术及应用研究. 红外技术, 2014, 36(5): 345-349.

[158] 莫春和, 段锦, 付强, 等. 国外偏振成像军事应用的研究进展 (下). 红外技术, 2014, 36(4): 265-270.

[159] Lowry H S. Application of infrared optical projection systems in the cryogenic test environment using AEDC's 7V and 10V space sensor test chambers. Proc Spie, 2009, 74(39): 918-930.

[160] Lowry H, Nicholson R, Steely S, et al. Applying test and evaluation technologies, techniques, and methodologies to enhance the space sensor test infrastructure at AEDC. U.S. Air Force T&e Days, 2013: 1-20.

[161] Schechner Y Y, Narasimhan S G, Nayar S K. Polarization-based vision through haze. Applied Optics, 2003, 42(3): 511-525.

[162] Liang J, Ren L, Ju H, et al. Polarimetric dehazing method for dense haze removal based on distribution analysis of angle of polarization. Optics Express, 2015, 23(20): 26146-26157.

[163] 田恒, 朱京平, 张云尧, 等. 浑浊介质中图像对比度与成像方式的关系. 物理学报, 2016, 65(8): 123-129.

[164] Shao X, Liu F, Wang L. Dehazing method through polarimetric imaging and multi-scale analysis. Proceedings of SPIE — The International Society for Optical Engineering, 2015, 9501(1): 111-119.

[165] 刘喆, 郭俊. 基于偏振光成像的材质分类研究. 光学学报, 2016, 16(10): 65-70.

[166] 陈超, 赵永强, 程咏梅, 等. 基于偏振光谱 BRDF 图像的物质分类. 光子学报, 2010, 39(6): 1026-1033.

[167] Lavigne D A, Breton M, Fournier G, et al. Target discrimination of man-made objects using passive polarimetric signatures acquired in the visible and infrared spectral bands. SPIE Optical Engineering and Applications, 2011: 2063.

[168] Stead R P. An Investigation of polarization phenomena produced by space objects. Ohio: Air Force Institute of Technology, 1967.

[169] Sanchez D J, Gregory S A, Storm S L, et al. Photopolarimetric measurements of geosynchronous satellites. Proceedings of SPIE — The International Society for Optical Engineering, 2001: 4490-4506.

[170] Kissel K E. Polarization effects in the observation of artificial satellites. Planets, Stars, and Nebulae: Studied with Photopolarimetry, 1974: 448-450.

[171] Tapia A S, Beavers W I, Cho Y K. Photopolarimetric observations of satellites. Proc Spie, 1990, 1317(10): 252-262.

[172] Beavers W I, Tapia A S, Cho Y K. Photopolarimetric studies of resident space objects. Lunar and Planetary Science Conference, 1991: 67-69.

[173] Li C, Lu W, Xue S, et al. Research on quality improvement of polarization imaging in foggy conditions. International Conference on Intelligent Science and Big Data Engineering, 2013: 208-215.

[174] Cardimona A D, Huang D H, Le D T, et al. New optical detector concepts for space applications. Proc Spie, 2005, 5879(3): 76793-76798.

[175] Roche M E, Chenault D B, Vaden J P, et al. Synthetic aperture imaging polarimeter. Proceedings of SPIE — The International Society for Optical Engineering, 2010, 7672(6): 501-542.

[176] Stryjewski J, Hand D, Tyler D, et al. Real time polarization light curves for space debris and satellites. Advanced Maui Optical and Space Surveillance Technologies Conference, 2010: 39-53.

[177] Stryjewski J, Roggemann M, Tyler D, et al. Micro-Facet scattering model for pulse polarization ranging//Advanced Maui Optical and Space Surveillance Technologies Conference, 2009: 1-10.

[178] Tippets R. Polarimetric imaging of artificial satellites. Ohio: Union Institute and University, 2004.

[179] Speicher A A, Matin M, Tippets R, et al. Calibration of a system to collect visible-light polarization data for classification of geosynchronous satellites. Society of Photo-Optical Instrumentation Engineers (SPIE) Conference Series, 2014: 480-507.

[180] Dearborn M, Chun F, Liu J, et al. USAF academy center for space situational awareness. Advanced Maui Optical and Space Surveillance Technologies Conference, 2011: 1378-1387.

[181] Mcmakin L, Zetocha P, Sparkman C, et al. Intelligent optical polarimetry development for space surveillance missions//Nasa Sti/recon Technical Report N, 1999: 199-203.

[182] 李雅男, 孙晓兵, 毛永娜, 等. 空间目标光谱偏振特性. 红外与激光工程, 2012, 41(1): 205-210.

[183] Bowers D, Wellems L, Duggin M, et al. Broadband spectral-polarimetric BRDF scan system and data for spacecraft materials. Advanced Maui Optical and Space Surveillance Technologies Conference, 2011: 471-478.

[184] Bush K A, Crockett G A, Barnard C C, et al. Polarization rendering for modeling of coherent polarized speckle backscatter using TASAT. Proc Spie, 1997, 3121(97): 142-154.

[185] Bush K A, Crockett G A, Barnard C C. Satellite discrimination from active and passive polarization signatures: simulation predictions using the TASAT satellite model. Proceedings of SPIE — The International Society for Optical Engineering, 2002, 4481(2): 46-57.

[186] Lu S Y, Chipman R A. Interpretation of Mueller matrices based on polar decomposition. Journal of the Optical Society of America A, 1996, 13(5): 1106-1113.

[187] Pesses M, Tan J, et al. Simulation of LWIR polarimetric observations of space objects. Applied Imagery Pattern Recognition Workshop, 2002: 164-170.

[188] Erbach P S, Pezzaniti J L, Chenault D B, et al. Testing and results of an infrared polarized scene generator concept demonstrator. Proc Spie, 2008, 6942(4): 1-11.

[189] Tyler D, Stryjewsk J, Roggemann M, et al. Pulse-polarization ranging for space situational awareness. Advanced Maui Optical and Space Surveillance Technologies Conference, 2009: 1-6.

[190] 李雅男, 孙晓兵, 乔延利, 等. 空间目标的光学偏振特性研究. 光电工程, 2010, 37(7): 24-29.

[191] 徐实学. 材质表面散射光偏振特性分析用于空间目标探测的研究. 南京: 南京理工大学, 2011.

[192] Montes S R, Ureña A C. An overview of BRDF models. Investigación, 2012, 717(3): 1-26.

[193] Butler S D, Nauyoks S E, Marciniak M A. Comparison of microfacet BRDF model to modified Beckmann-Kirchhoff BRDF model for rough and smooth surfaces. Optics Express, 2015, 23(22): 29100.

[194] Ragheb H, Hancock E R. Adding subsurface attenuation to the Beckmann-Kirchhoff theory. Iberian Conference on Pattern Recognition and Image Analysis, 2005: 247-254.

[195] Ragheb H, Hancock E R. Surface radiance correction for shape from shading. Pattern Recognition, 2005, 38(10): 1574-1595.

[196] Ragheb H, Hancock E R. Incorporating subsurface attenuation into the Beckmann model. IEEE International Conference on Image Processing, 2005: 450-453.

[197] Dimov I T, Gurov T V, Penzov A A. A Monte Carlo approach for the Cook-Torrance model. International Conference on Numerical Analysis and ITS Applications, 2004: 257-265.

[198] Li M Z, Zhao J G, Zhou Y T. Analysis of the modification method for Cook-Torrance model. Applied Mechanics & Materials, 2014, 556(5): 4240-4243.

[199] Wolf A, Berry J A, Asner G P. Allometric constraints on sources of variability in multi-angle reflectance measurements. Remote Sensing of Environment, 2010, 114(6): 1205-1219.

[200] Feng X, Schott J R, Gallagher T. Comparison of methods for generation of absolute reflectancefactor values for bidirectional reflectance-distribution function studies. Applied Optics, 1993, 32(7): 1234-1242.

[201] Edwards D K, Herold L M. Bidirectional reflectance characteristics of rough, sintered-metal, and wire-screen surface systems. Aiaa Journal, 2015, 4(10): 1802-1810.

[202] Shen Y J, Zhang Z M, Tsai B K, et al. Bidirectional reflectance distribution function of rough silicon wafers. International Journal of Thermophysics, 2001, 22(4): 1311-1326.

[203] Phong B T. Illumination for computer-generated images. Utah: The University of Utah, 1973.

[204] 李铁, 阎炜, 吴振森. 双向反射分布函数模型参量的优化及计算. 光学学报, 2002, 22(7): 769-773.

[205] 曹运华, 吴振森, 张涵璐, 等. 粗糙目标样片光谱双向反射分布函数的实验测量及其建模. 光学学报, 2008, 28(4): 792-798.

[206] 杨玉峰, 吴振森, 曹运华. 一种实用型粗糙面六参数双向反射分布函数模型. 光学学报, 2012, 32(2): 306-311.

[207] Bowers D, Ortega S, Wellems D. Long wave infrared polarimetric model: theory, measurements and parameters. Journal of Optics A Pure & Applied Optics, 2006, 8(10): 914-925.

[208] Feng W, Wei Q, Wang S, et al. Numerical simulation of polarized bidirectional reflectance distribution function (BRDF) based on micro-facet model. International Symposium on Photoelectronic Detection and Imaging: Technology and Applications, 2007: 662201-662208.

[209] Blinn J F. Models of light reflection for computer synthesized pictures//Siggraph 77 Conference on Computer Graphics & Interactive Technique. ACM, 1977: 192-198.

[210] Wolff L B. Polarization-based material classification from specular reflection. IEEE Transactions on Pattern Analysis & Machine Intelligence, 1990, 12(11): 1059-1071.

[211] Zallat J, Grabbling P, Takakura Y. Using polarimetric imaging for material classification. International Conference on Image Processing, 2003: 827-830.

[212] Chun C S, Sadjadi F A. Polarimetric laser radar target classification. Optics Letters, 2005, 30(14): 1806-1809.

[213] Hyde M W Ⅳ, Schmidt J D, Cain S C. Determining the complex index of refraction of an unknown object using turbulence-degraded polarimetric imagery. Optical Engineering, 2010, 49(12): 1127-1134.

[214] Hyde M W Ⅳ, Schmidt J D, Havrilla M J, et al. Enhanced material classification using turbulence-degraded polarimetric imagery. Optics Letters, 2010, 35(21): 3601-3603.

[215] Duda R O, Hart P E, Stork D G. 模式分类. 李宏东, 姚天翔, 等, 译. 北京: 机械工业出版社, 2003.

[216] Huber D F, Denes L J, Gottlieb M, et al. Spectro-polarimetric imaging for object recognition. SPIE, 1998, 3240: 01-12.

[217] Duggin M J, Glass W R, Cabot E R, et al. Information enhancement, metrics and data fusion in spectral and polarimetric images of natural scenes. SPIE, 2007, 6682: 1-9.

[218] Nomura T, Javidi B. Object recognition by use of polarimetric phase-shifting digital holography. Opt. Lett., 2007, 32: 2146-2148.

[219] 黄睿. 岩石多角度偏振反射特征的研究. 长春: 东北师范大学, 2004.

[220] 赵丽丽, 赵云升. 浅谈多角度偏振遥感技术及其在探测月球资源中的应用. 地球物理学进展, 2006, 21: 1003-1007.

[221] 杨之文, 高胜钢, 王培纲. 几种地物反射光的偏振特性. 光学学报, 2005, 25: 241-245.

[222] 杜嘉, 赵云升, 宋开山, 等. 偏振遥感测量中土壤偏振度随太阳高度角的变化规律初探. 地理科学, 2007, 27: 707-710.

[223] 赵一鸣, 江月松, 尤睿. 利用偏振度研究混合目标的混合比. 光学技术, 2007, 33: 49-51.

[224] 王道荣. 成像光谱偏振系统实现及在地物分类中的应用. 西安: 西北工业大学, 2007.

[225] Zhao Y Q, Gong P, Pan Q. Object Detection by Spectropolarimeteric imagery fusion. IEEE, 2008, 46: 3337-3345.

[226] 张绪国, 江月松, 赵一鸣. 偏振成像在目标探测中的应用. 光电工程, 2008, 35: 59-62.

[227] 张荞, 孙晓兵, 洪津. 不同湿度的低植被覆盖土壤表面偏振特性研究. 光谱学与光谱分析, 2010, 30: 3086-3092.

[228] 孙仲秋, 赵云升, 阎国倩, 等. 雪的偏振高光谱反射影响因素分析. 光谱学与光谱分析, 2010, 30: 406-410.

[229] Homma K, Shibayama M, Yamamoto H, et al. Water pollution monitoring using a hyperspectral imaging spectropolarimeter. SPIE, 2005, 5655: 419-426.

[230] 赵云升, 吴太夏, 罗杨洁, 等. 水面溢油的多角度偏振与二向性反射定量关系研究. 遥感学报, 2006, 10: 294-298.

[231] 赵丽丽, 赵云升, 杜嘉, 等. 不同污染水体的多角度偏振光谱研究. 水科学进展, 2007, 18: 118-122.

[232] 郑超蕙, 刘雪华, 何炜琪, 等. 五类水体污染物质的偏振高光谱遥感实验研究. 遥感信息, 2008, 15-21.

[233] 袁越明, 熊伟, 方勇华, 等. 差分偏振 FTIR 光谱法探测水面溢油污染. 光谱学与光谱分析, 2010, 30: 2129-2132.

[234] 韩阳, 陈春林, 赵云升. 城市生活污水偏振反射特性研究. 环境与发展, 2011, 23: 112-114.

[235] 孙仲秋, 李少平, 赵云升, 等. 水面油膜偏振反射影响因子及其交互作用定量分析. 光谱学与光谱分析, 2011, 31: 1384-1387.

[236] Shaw J A, Degree of linear polarization in spectral radiances from water-viewing infrared radiometers, Appl. Opt., 1999, 38: 3157-3165.

[237] 罗杨洁, 赵云升, 吴太夏, 等. 水体镜面反射的多角度偏振特性研究及应用. 中国科学 D 辑, 2007, 37: 411-416.

[238] 王洒. 黄河花园口段水体悬浮泥沙的高光谱. 多角度偏振信息探究. 长春: 东北师范大学, 2007.

[239] 吴太夏, 晏磊, 相云, 等. 水体的多角度偏振波谱特性及其在水色遥感中应用. 光谱学与光谱分析, 2010, 30: 448-452.

[240] http://smsc.cnes.fr./POLDER/.

[241] Liu Q, Egan W G. Polarized MODTRAN 3.7 applied to characterization of ocean color in the presence of aerosols. SPIE, 2002, 4481: 228-240.

[242] 孙晓兵, 洪津, 乔延利. 大气散射辐射偏振特性测量研究. 量子电子学报, 2005, 22: 111-115.

[243] 赵一鸣, 江月松, 路小梅. 气溶胶散射光偏振度特性的理论研究. 红外与激光工程, 2007, 36: 862-865.

[244] 程天海, 顾行发, 陈良富, 等. 卷云多角度偏振特性研究. 物理学报, 2008, 57: 5323-5332.

[245] 孙夏, 赵慧洁. 基于 POLDER 数据反演陆地上空气溶胶光学特性. 光学学报, 2009, 29: 1772-1777.

[246] 赵一鸣, 江月松, 张绪国, 等. 利用 CALIPSO 卫星数据对大气气溶胶的去偏振度特性分析研究. 光学学报, 2009, 29: 2943-2951.

[247] 吴良海. 大气散射光线的偏振特性研究. 合肥: 合肥工业大学, 2010.

[248] 邹晓辰, 不同天气下的天空散射光偏振特性研究. 大连: 大连理工大学, 2010.

[249] Duggin M J, Kinn G J. Vegetative target enhancement in natural scenes using multiband polarization methods. SPIE, 2002, 4481: 281-291.

[250] Raven P N, Jordan D L, Smith C E. Polarized directional reflectance from laurel and mullein leaves. SPIE, 2002, 5: 1002-1012.

[251] 韩志刚, 吕达仁, 刘春田, 等. 草地反射太阳光偏振特性测量个例分析. 草地学报, 1998, 6: 237-243.

[252] 赵云升, 黄方, 金伦, 等. 植物单叶偏振反射特征研究. 遥感学报, 2000, 4: 131-135.

[253] 赵云升, 吴太夏, 胡新礼, 等. 多角度偏振反射与二向性反射定量关系初探. 红外与毫米波学报, 2005, 24: 441-444.

[254] 彭钦华, 于国萍, 唐若愚, 等. 自然光照下反射光的偏振特性研究. 光学与光电技术, 2006, 4: 65-68.

[255] 唐若愚, 于国萍, 王晓峰, 等. 自然光照下偏振度图像的获取方法. 武汉大学学报 (理学版), 2006, (1): 159-163.

[256] 张莉莉. 利用偏振高光谱反演植被叶绿素含量. 长春: 东北师范大学, 2007.

[257] Li X, Ranasinghesagara J C, Yao G. Polarization-sensitive reflectance imaging in skeletal muscle. Opt. Express, 2008, 16: 9927-9935.

[258] Ramella-Roman J, Nayak A. Spectroscopic stokes vector polarimetry for biomedical applications. IEEE, Conference WJ4, 2009: 463-464.

[259] Lu R W, Zhang Q X, Yao X C. Circular polarization intrinsic optical signal recording of stimulus-evoked neural activity. Opt. Lett., 2011, 36: 1866-1868.

[260] 徐兰青. 后向散射 Mueller 矩阵数值模拟及实验方法在散射介质光学特性识别中的应用. 福州: 福建师范大学, 2005.

[261] 邓勇. 上皮组织形态特征识别中的偏振方法研究. 武汉: 华中科技大学, 2005.

[262] 常莉. 仿组织背散射 Mueller 矩阵的实验研究. 南京: 南京理工大学, 2007.

[263] Dor B B, Oppenheim U P, Balfour L S. Polarization properties of target and backgrounds in the infrared. SPIE, 1972, 1971: 68-77.

[264] Chun C S L, Fleming D L, Harvey W A, et al. Polarization-sensitive thermal imaging sensors for target discrimination. SPIE, 1998, 3375: 326-336.

[265] Williams J W, Tee H S, Poulter M A. Image processing and classification for the UK remote minefield detection system infrared polarimetric camera. SPIE, 2001, 4394 (1): 139-152.

[266] Duggin M J, Loe R. Algorithms for target discrimination and contrast enhancement using narrowband polarimetric image date. SPIE, 2002, 4481: 247-256.

[267] Aron Y, Gronau Y. Polarization in the LWIR—a method to improve target acquisition. SPIE, 2005, 5783: 653-661.

[268] Lavigne D A, Breton M, Pichette M, et al. Evaluation of active and passive polarimetric electro-optic imagery for civilian and military targets discrimination. SPIE, 2008, 6972: 69720X-1-69720X-92008.

[269] 崔骥, 李相银, 王海林. 基于光学偏振编码及解码系统的目标识别技术. 应用激光, 2004, 24: 289-291.

[270] 汪震, 乔延利, 洪津, 等. 利用热红外偏振成像技术识别伪装目标. 红外与激光工程, 2007, 36: 853-856.

[271] 汪震, 乔延利, 洪津, 等. 金属板热红外偏振的方向特性研究. 光电工程, 2007, 34: 49-52.

[272] 汪震, 洪津, 乔延利. 热红外偏振成像技术在目标识别中的实验研究. 光学技术, 2007, 33: 196-198.

[273] 王新, 王学勤, 孙金祚. 基于偏振成像和图像融合的目标识别技术. 激光与红外, 2007, 7: 676-678.

[274] 唐坤, 邹继伟, 姜涛, 等. 目标与背景的红外偏振特性研究. 红外与激光工程, 2007, 5: 611-614.

[275] 张朝阳, 程海峰, 陈朝辉, 等. 偏振遥感在伪装目标识别上的应用及对抗措施. 强激光与粒子束, 2008, 4: 553-556.

[276] 张朝阳, 程海峰, 陈朝辉, 等. 伪装材料表面偏振散射的几何光学解. 红外与激光工程, 2009, 6: 1065-1121.

[277] 张朝阳, 陈朝辉, 程海峰, 等. 伪装材料的偏振散射光谱研究. 红外与激光工程, 2009, 11: 21-25.

[278] 张朝阳, 程海峰, 陈朝辉, 等. 伪装涂层材料的二向偏振散射研究. 光学技术, 2009, 35: 117-119.

[279] 陈伟力, 王霞, 金伟其, 等. 采用中波红外偏振成像的目标探测实验. 红外与激光工程, 2011, 40: 7-11.

[280] Namer E, Schechner Y Y. Advanced visibility improvement based on polarization filtered images. SPIE, 2005: 588805-2-588805-10.

[281] 曹念文, 刘文清, 张玉钧. 偏振成像技术提高成像清晰度、成像距离的定量研究. 物理学报, 2000, 49: 61-66.

[282] 王海晏, 杨廷梧, 安毓英, 等. 激光水下偏振特性用于目标图像探测. 光子学报, 2003, 32: 9-13.

[283] 都安平. 成像偏振探测的若干关键技术研究. 西安: 西北工业大学, 2006.

[284] Walker J G, Chang P C Y, Hopcraft K I. Visibility depth improvement in active polarization imaging in scattering media. Appl. Opt., 2000, 39: 4933-4941.

[285] Demos S G, Radousky H B, Alfano R R. Deep subsurface imaging in tissues using spectral and polarization filtering. Opt. Express, 2000, 7: 23-28.

[286] Chang P C Y, Flitton J C, Hopcraft K I, et al. Improving visibility depth in passive underwater imaging by use of polarization. Appl. Opt., 2004, 42: 2794-2803.

[287] Sabban S, Flitton J C, Hopcraft K I, et al. Under water polarization vision—a physical examination. Transworld Research Network, 2005, 37/661(2): 2-54.

[288] Nothdurft R, Yao G. Applying the polarization memory effect in polarization-gated subsurface imaging. Opt. Express, 2006, 14: 4656-4661.

[289] Ni X H, Kartazayeva S A, Wang W B, et al. Polarization memory effect and visibility improvement of targets in turbid media. Society of Photo, 2007.

[290] Voss K J, Gleason A C R, Gordon H R, et al. Observation of non-principal plane neutral points in the in-water upwelling polarized light field. Opt. Express, 2011, 19: 5942-5952.

[291] Schechner Y Y, Diner D J. Spaceborne underwater imaging. ICCP, 2011.

[292] 仇英辉, 刘建国, 魏庆农, 等. 混浊介质中利用后向散射光偏振进行目标识别的研究. 量子电子学报, 2003, 20: 81-84.

[293] Chen H, Wolff L B. Polarization phase-based method for material classification and object recognition in computer vision. Pro. IEEE, 1996, 1063-6919/96: 128-135.

[294] Thilak V, Creusere C D, Voelz D G. Material classification using passive polarimetric imagery. IEEE, 2007.

[295] Tominaga S, Kimachi A. Polarization imaging for material classification. Optical Engineering, 2008, 47: 123201-123214.

[296] Hyde M W IV, Schmidt J D, Havrilla M J, et al. Enhanced material classification using turbulence-degraded polarimetric imagery. Opt. Lett., 2010, 35: 3601-3603.

[297] Miyazaki D, Sato Y, Saito M, et al. Determining surface orientations of transparent objects based on polarization degrees in visible and infrared wavelengths. JOSA A, 2002, 19: 687-694.

[298] Miyazaki D, Kagesawa M, Ikeuchi K. Transparent surface modeling from a pair of polarization images. IEEE Tran. Pattern Analysis and Mach. Intelligence, 2004, 26: 73-82.

[299] Miyazaki D, Ikeuchi K. Inverse polarization raytracing: Estimating surface shapes of transparent objects. IEEE Comp. Society Conf. on Comp. Vision and Pattern Recognition, 2005: 910-917.

[300] Morel O, Stolz C, Meriaudeau F, et al. Active lighting applied to three-dimensional reconstruction of specular metallic surfaces by polarization imaging. Appl. Opt., 2006, 45: 4062-4068.

[301] Atkinson G A, Hancock E R. Recovery of surface orientation from diffuse polarization. IEEE Trans. on Imag. Processing, 2006, 15: 1653-1664.

[302] Atkinson G A, Hancock E R. Shape estimation using polarization and shading from two views. IEEE Trans. on Pattern Analysis and Mach. Intelligence, 2007, 29: 2001-2017.

[303] 杨进华, 邱旭, 岳春敏, 等. 反射光偏振特性分析与物体形状的测量. 光学学报, 2008, 28: 2115-2119.

[304] 武因峰, 杨进华, 于昕平. 基于红外偏振的入射角确定. 长春理工大学学报 (自然科学版), 2010, 33: 4-7.

[305] Sandmeier S. R, Strahler A H. BRDF laboratory measurements. Remote Sensing Reviews, 2000, 18(2-4): 481-502.

[306] Meister G, Wiemker R, Bienlein J, et al. In situ BRDF measurements of selected surface materials to improve analysis of remotely sensed multispectral imagery. International Archives of Photogrammetry and Remote Sensing, 1996, 31: 493-498.

[307] Wang H, Zhang W, Dong A. Measurement and modeling of bidirectional reflectance distribution function (BRDF) on material surface. Measurement, 2013, 46(9): 3654-3661.

[308] Zhang W, Wang H, Wang Z. Measurement of bidirectional reflection distribution funetion on material surface. Chinese Optics Letters, 2009, 7(1): 88-91.

[309] 张百顺, 刘文清, 魏庆农, 等. 基于双向反射分布函数实验测量的目标散射特性的分析. 光学技术, 2006, 32(2): 180-182.

[310] 孙礼民, 赵建林, 任驹, 等. 具有不同涂层的样品表面双向反射分布函数的三维测量. 光子学报, 2008, 37(12): 2529-2533.

[311] 李俊麟, 张黎明, 陈洪耀, 等. 双向反射分布函数绝对测量装置研制. 光学学报, 2014, (5): 261-268.

[312] Liao F, Li L, Lu C. Measurement and application of bidirectional reflectance distrbution function//lnternational Symposium on Optoelectronic Technology and Application. lnternational Society for Optics and Photonics, 2016.

[313] 魏庆农, 刘建国, 江荣熙. 双向反射分布函数的绝对测量方法 [J]. 光学学报, 1996, 16(10): 1425-1430.

[314] 唐玉国, 齐文宗, 李福田. 紫外–真空紫外漫反射板的研究. 光学学报, 2000, 20(2): 267-271.

[315] Bartell F O, Dereniak E L, Wolfe W L. The theory and measurement of bidirectional reflectance distrbution function (BRDF) and bidirectional transmittance distrbution function (BTDF). 1980 Huntsville Technical Symposium. International Society for Optics and Photonics, 1981: 154-160.

[316] 刘若凡, 张宪亮, 苏红雨, 等. 光学双向反射分布函数的测量装置研究. 红外, 2014, 35(1): 14-17.

后　记

　　偏振探测技术是近些年来光学探测技术发展的前沿,由于其在军事及民用领域的巨大价值而受到了各国的广泛重视.将偏振感知的新兴技术与目标探测识别的重要需求相结合,对目标偏振特征进行探测和分析能够扩展光学探测的信息维度和信息量,在增强探测能力、减少大气效应、反演目标材料等方面体现出显著的优势,将会成为未来光学探测的重要手段,而掌握材料偏振特性是实现目标偏振探测与识别的重要环节.为此,本书在典型材料在偏振反射特性模型构建、典型材料偏振特性实验测量、目标偏振特性分析与识别等几个方面开展了一些研究工作.

　　偏振探测技术已被世界各国研究者列为未来发展的热点之一,我国也开始了目标偏振探测的相关研究工作,但是偏振特性的数学模型、规律特征和应用方法研究的滞后严重地制约着偏振探测的发展和应用.本书虽然在典型材料偏振特性建模分析与分类识别方法方面做了一些工作,但是要实现目标偏振探测识别能力,还有很多的工作要做.结合偏振探测的未来发展需求,笔者认为未来的研究工作将集中在以下几个方面:

　　一是对偏振特性建模及实验研究进行扩展.本书的建模和实验都是在二维的共平面条件下进行的,而且只在633nm波长和宽波段可见光波长条件下进行了测试,今后需要改造测试平台,进行偏振特性三维空间分布的建模和仿真,并增加偏振特性测试的波长数量,研究偏振特性的波长相关性.

　　二是进一步提高偏振特性建模的精度.本书的研究中偏振特性模型的仿真结果与实测数据在一些条件下仍存在不小的误差,今后需要继续对偏振特性模型进行研究和改进,提升模型模拟精度;针对几何光学方法模型的波长适用条件,研究面向光滑表面材料的模型优化改进方案.

　　三是对特性目标偏振特性进行研究,并形成偏振成像分析软件系统.本书研究了典型材料的偏振反射特性,今后需要在此基础上建立目标可视化三维模型,进行偏振特征渲染和目标特征分析,建立目标偏振特性数据库及仿真分析平台,形成目标偏振成像与分类识别仿真系统.

　　随着偏振探测技术的发展,偏振探测必将在军事和民用领域中扮演更加重要的角色,利用偏振特征信息提高目标探测与识别能力将在不远的将来成为现实.相信经过研究者们的不懈努力,偏振探测识别将会实现广泛应用,为目标探测能力增强和识别效果提升发挥重要作用.